TABLE OF CONTENTS

SOLVENT MISCIBILITY CHART..................PAGE 3
SOLVENT POLARITY..................PAGE 4
SOLVENT BOILING POINT..................PAGE 5
SOLVENT DENSITY..................PAGE 6
POLARITY VS. BOILING POINT SOLVENT CHART..........PAGE 7
DEUTERATED SOLVENT CHEMICAL SHIFTS..................PAGE 8
SOLVENTS (A)..................PAGES 10-14
SOLVENTS (B)..................PAGES 15-20
SOLVENTS (C)..................PAGES 21-27
SOLVENTS (D)..................PAGES 28-44
SOLVENTS (E)..................PAGES 45-51
SOLVENTS (F)..................PAGES 52-53
SOLVENTS (G)..................PAGES 54-55
SOLVENTS (H)..................PAGES 56-58
SOLVENTS (I)..................PAGES 59-64
SOLVENTS (L)..................PAGES 65-66
SOLVENTS (M)..................PAGES 67-76
SOLVENTS (N)..................PAGES 77
SOLVENTS (P)..................PAGES 78-85
SOLVENTS (S)..................PAGES 86-88
SOLVENTS (T)..................PAGES 89-99
SOLVENTS (W)..................PAGES 100
SOLVENTS (X)..................PAGES 101-103
INDEX..................PAGES 104-106

1. Chemicals beginning with N- e.g. N,N-Dimethylformamide have Ns omitted in title ordering – i.e. N,N-Dimethylformamide may be found under D.

2. Chemicals with multiple stereoisomers have their prefix iso, sec, tert honoured in title ordering. E.g ISOPROPANOL may be found under I. However, n-PROPANOL has n- omitted and may be found under P. This is because PROPANOL without any prefix stated would indicate n-Propanol.

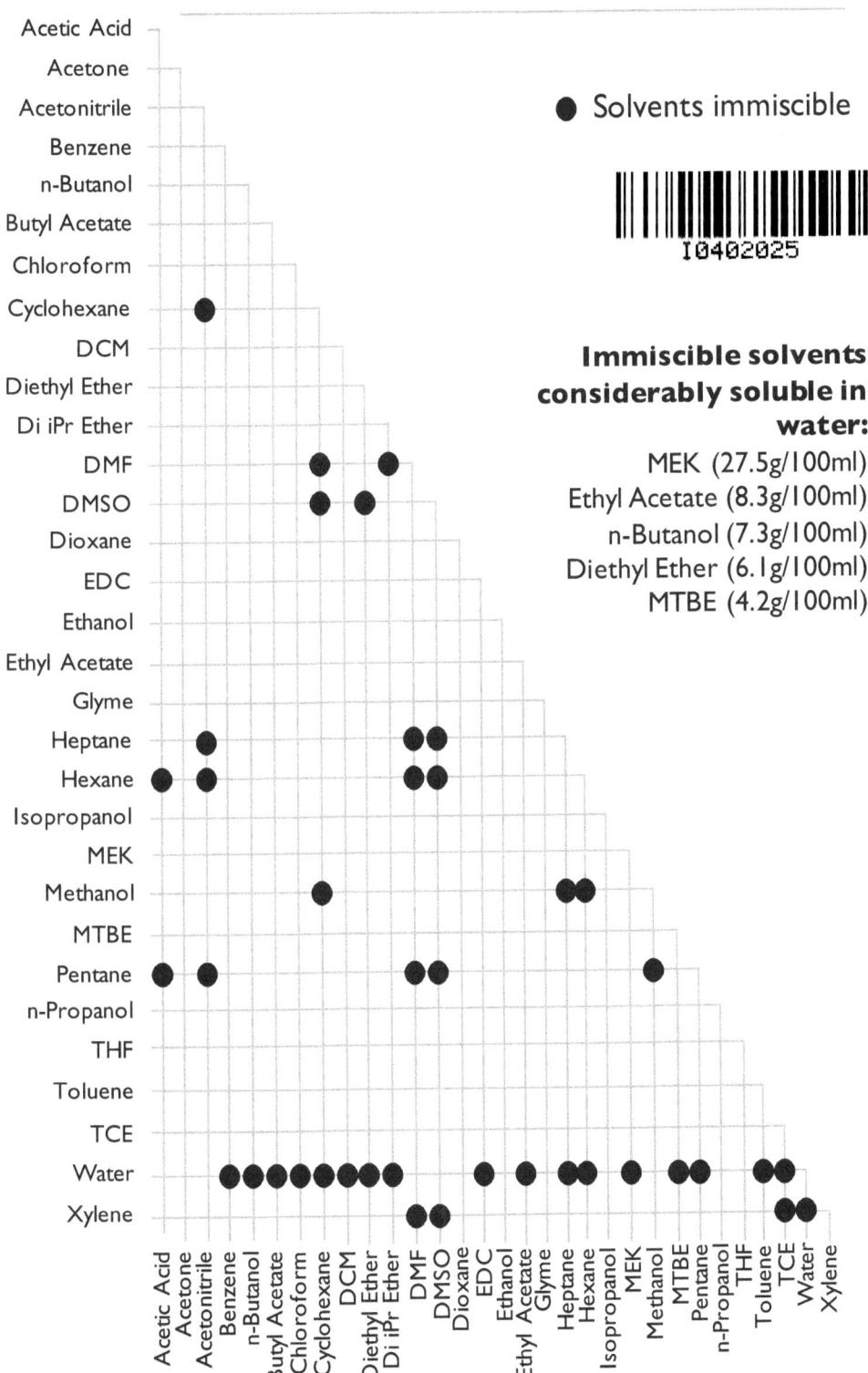

SOLVENT POLARITY INDEX

Pentane	0
Heptane	0.1
Hexane	0.1
Cyclohexane	0.1
Toluene	2.4
Xylene	2.5
Chlorobenzene	2.7
Diethyl Ether	2.8
DCM	3.1
Isopropanol	3.9
Butyl Acetate	4.0
n-Propanol	4.0
THF	4.0
Chloroform	4.1
Ethyl Acetate	4.4
MEK	4.7
Dioxane	4.8
Acetone	5.1
Methanol	5.1
Pyridine	5.3
2-methoxyethanol	5.5
Acetonitrile	5.8
DMF	6.4
N-Methyl Pyrrolidone	6.7
DMSO	7.2
Water	10

THE SOLVENT HANDBOOK

With 13C and 1H NMR data, as well as physical data for over 80 solvents included. Each solvent is given with:

- MOLECULAR FORMULA, CAS NUMBER, GHS LABELS and PHYSICAL DATA as shown below:

EMPIRICAL FORMULA	
MOLAR MASS in g mol^{-1}	BOILING POINT in C / F
DENSITY at 20 °C/68 °F in g cm^{-3}	POLARITY INDEX in P
MELTING POINT in C / F	ACIDITY in pKa

- 1H NMR GRAPH corresponding to the solvent, including written chemical shifts and their integrations.
- 13H NMR GRAPH corresponding to the solvent, including written chemical shifts.

Solvent chemical shifts recorded in different deuterated solvents may be found on page 8. Solvent polarities, miscibilities, boiling point and density charts can be found page 3-7.

We, at UKCHEM Publications, hope that this handbook helps you with endeavours. We would love to hear feedback from you, so please do at ukchempublications@gmail.com.

All NMR graphs were created using nmrdraw software. Data for NMR was gathered independently. Data for physical properties a of solvents was retrieved July 2019 from literature. 'H NMR w? tetramethylsilane, and recordings taken at 400Hz at 293K.

This book is for information purposes only, please always fol' procedures when handling chemicals and refer to the chem' safety data sheet for up to date information. By purchasing that this book accepts no responsibility of consequences inspired from this book.

Copyright UKCHEM© 2019. All rights

SOLVENT BOILING POINTS

In °C			In °F
34.5	Diethyl Ether	94.1	
36.1	Pentane	96.7	
39.7	DCM	103.46	
55.2	MTBE	131.46	
56.1	Acetone	132.98	
61.2	Chloroform	142.16	
64.6	Methanol	148.28	
65	THF	149	
69	Hexane	156.2	
77	Ethyl Acetate	170.6	
78.5	Ethanol	173.3	
79.6	MEK	175.28	
80.1	Benzene	176.18	
80.2	2-Methyl THF	176.36	
80.7	Cyclohexane	176.9	
81.6	Acetonitrile	178.88	
82.4	Isopropanol	180.32	
82.4	Tert-Butanol	180.32	
84.5	Glyme	184.1	
97	n-Propanol	206.6	
98	Heptane	208.4	
100	Water	212	
101.1	1,4-Dioxane	213.98	
101.2	Nitromethane	214.16	
110.6	Toluene	231.08	
115.2	Pyridine	239.36	
117.7	n-Butanol	243.86	
118	Acetic Acid	244.4	
121.1	Tetrachloroethylene	249.98	
131.1	Chlorobenzene	267.98	
~139	Xylenes	282.2	
153	DMF	307.4	
162	Diglyme	323.6	
188.2	Propylene Glycol	370.76	
189	DMSO	372.2	
202	NMP	395.6	
205	Benzyl Alcohol	401	
232	HMPA	449.6	
240	Propylene Carbonate	464	
246	Diethylene Glycol	474.8	
285	Sulfolane	545	
290	Glycerol	554	

SOLVENT DENSITIES

In units g cm^{-3}

Pentane	0.626
Hexane	0.661
Heptane	0.680
Diethyl Ether	0.713
MTBE	0.740
Tert-Butanol	0.775
Cyclohexane	0.778
Acetone	0.785
Acetonitrile	0.786
Isopropanol	0.786
Ethanol	0.789
Methanol	0.792
n-Propanol	0.803
MEK	0.805
n-Butanol	0.810
Benzene	0.854
Xylenes	0.864
Glyme	0.868
Toluene	0.870
2-Methyl THF	0.877
THF	0.889
Ethyl Acetate	0.902
Diglyme	0.937
DMF	0.948
Pyridine	0.982
Water	0.997
NMP	1.028
HMPA	1.030
1,4-Dioxane	1.033
Propylene Glycol	1.036
Benzyl Alcohol	1.044
Acetic Acid	1.049
DMSO	1.100
Chlorobenzene	1.110
Diethylene Glycol	1.118
Nitromethane	1.137
Propylene Carbonate	1.205
DCM	1.237
Sulfolane	1.261
Glycerol	1.261
Chloroform	1.489
Tetrachloroethylene	1.622

POLARITY VS. BOILING POINT

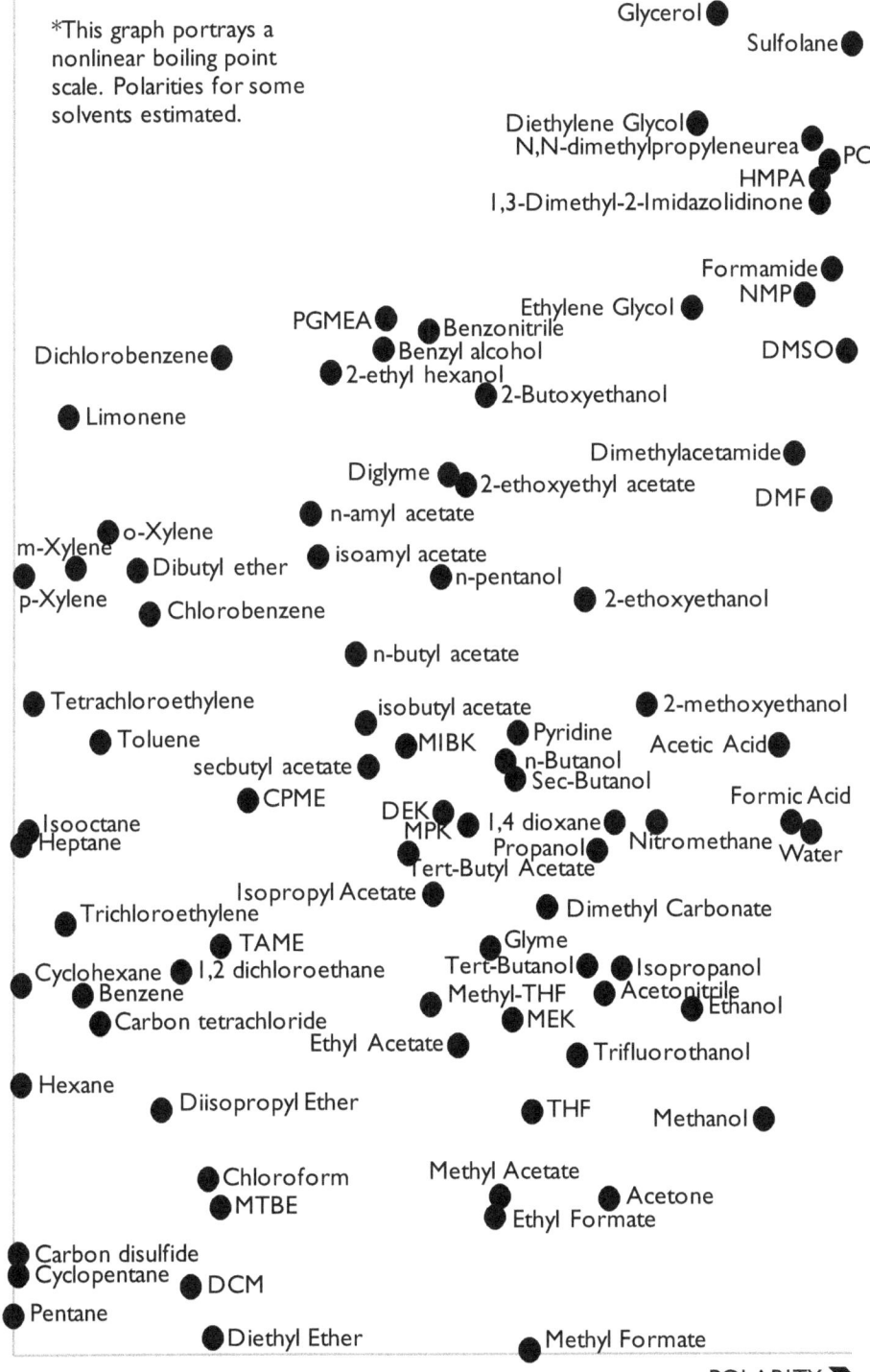

DEUTERATED SOLVENT CHEMICAL SHIFTS

	PROTON	MULT	CDCl$_3$	Toluene-d$_8$	Acetone-d$_8$	DMSO-d$_6$	CD$_3$CN	D$_2$O
Acetic Acid	CH$_3$	s	2.10	1.57	1.96	1.91	1.96	2.08
Acetone	CH$_3$	s	2.17	1.57	2.09	2.09	2.08	2.22
Acetonitrile	CH$_3$	s	2.10	0.69	2.05	2.07	1.96	2.06
Benzene	CH	m	7.36	7.12	7.36	7.37	7.37	-
Chloroform	CH	s	7.26	6.10	8.03	8.32	7.58	-
Cyclohexane	CH$_2$	m	1.43	1.40	1.43	1.40	1.44	-
DCM	CH$_2$	d	5.30	4.32	5.62	5.76	5.44	-
Diethyl Ether	CH$_3$	t	1.21	1.10	1.11	1.09	1.12	1.17
	CH$_2$	q	3.47	3.25	3.41	3.38	3.42	3.56
Diglyme	CH$_3$	t	3.65	3.43	3.56	3.51	3.53	3.67
	CH$_2$	t	3.57	3.31	3.47	3.38	3.42	3.60
	OCH$_3$	s	3.39	3.12	3.28	3.24	3.29	3.37
Dioxane	CH$_2$	t	3.72	3.32	3.59	3.57	3.60	3.75
DMF	CH$_3$	s	2.88	1.96	2.78	2.73	2.77	2.85
	CH$_3$	s	2.96	2.37	2.94	2.89	2.89	3.01
	CH	s	8.02	7.37	7.96	7.96	7.92	7.92
Ethanol	CH$_3$	t	1.25	0.97	1.13	1.06	1.12	1.17
	CH$_2$	q	3.72	3.36	3.57	3.44	3.54	3.65
Ethyl Acetate	CH$_3$CO	s	2.05	1.69	1.97	1.99	1.97	2.07
	CH$_2$	q	4.12	3.87	4.05	4.03	4.06	4.14
	CH$_3$	t	1.26	0.95	1.20	1.17	1.20	1.24
Hexane	CH$_3$	t	0.88	0.88	0.88	0.86	0.89	-
	CH$_2$	m	1.26	1.22	1.28	1.25	1.28	
Isopropanol	CH$_3$	d	1.22	0.95	1.10	1.04	1.09	1.17
	CH	m	4.04	3.65	3.90	3.78	3.88	4.02
Methanol	CH$_3$	s	3.49	3.03	3.31	3.16	3.28	3.34
Pentane	CH$_3$	t	0.88	0.87	0.88	0.86	0.89	-
	CH$_2$	m	1.27	1.25	1.27	1.27	1.29	
Pyridine	CH(2,6)	m	8.62	8.47	8.58	8.58	8.57	8.52
	CH(3,5)	m	7.29	6.67	7.35	7.39	7.33	7.45
	CH(4)	m	7.68	6.98	7.76	7.79	7.73	7.87
THF	CH$_2$(2,5)	m	3.77	3.54	3.63	3.60	3.64	3.74
	CH$_2$(3,4)	m	1.85	1.43	1.79	1.76	1.80	1.88
Toluene	CH$_3$	m	2.36	2.11	2.32	2.30	2.33	-
	CH(2,4,6)	s	7.17	6.98	7.14	7.18	7.18	
	CH(3,5)	m	7.25	7.10	7.16	7.25	7.22	

SOLVENT DATA A-Z

Copyright UKCHEM© 2019.

ACETIC ACID

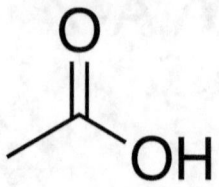

CAS 64-19-7

$C_2H_4O_2$	
60.052 g mol^{-1}	118.5 °C / 245 °F
1.049g cm^{-3}	- WATER MISCIBLE
16 °C / 61 °F	pKa 4.76

^{1}H NMR: δ 2.03 (3H, s)

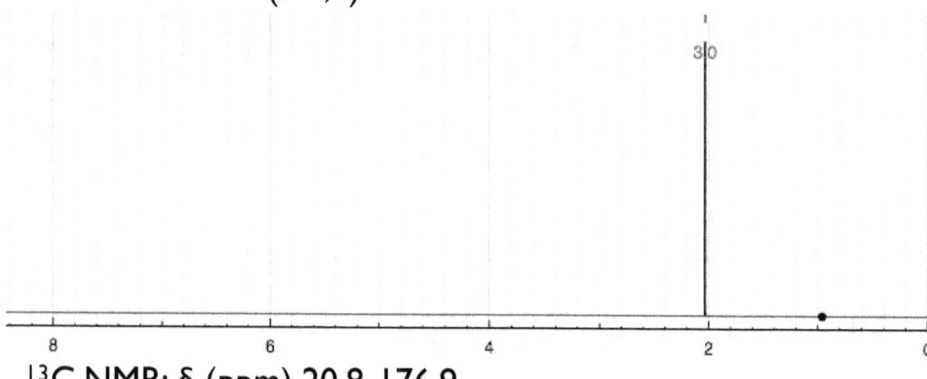

^{13}C NMR: δ (ppm) 20.8, 176.9

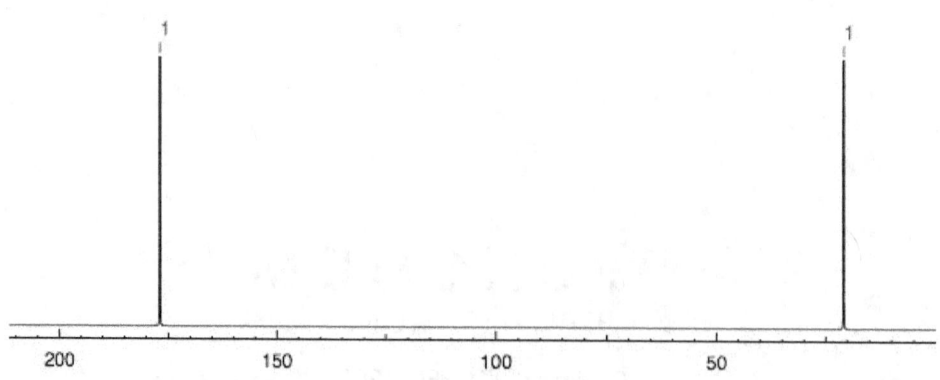

ACETIC ANHYDRIDE

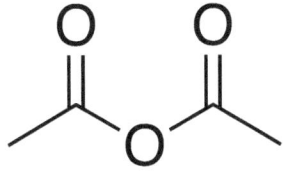

CAS 108-24-7

$C_4H_6O_3$	
102.089 g mol^{-1}	139.8 °C / 283.6 °F
1.082g cm^{-3}	- REACTS WITH WATER
-73.1 °C / -99.6 °F	-

^{1}H NMR: δ 2.09 (6H, s)

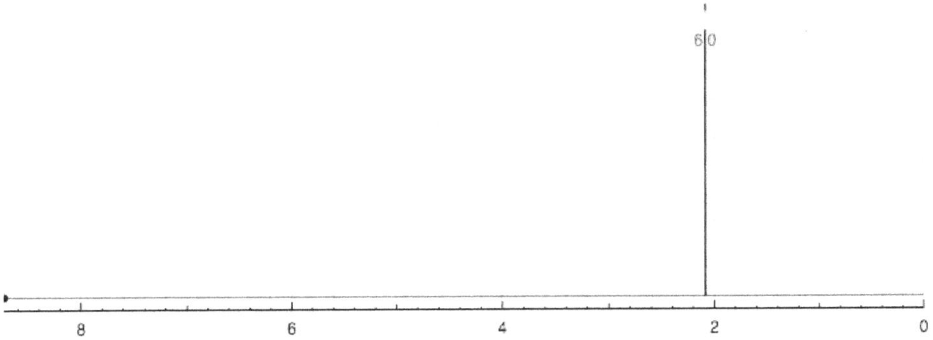

^{13}C NMR: δ (ppm) 21.9, 21.9 167.6, 167.6

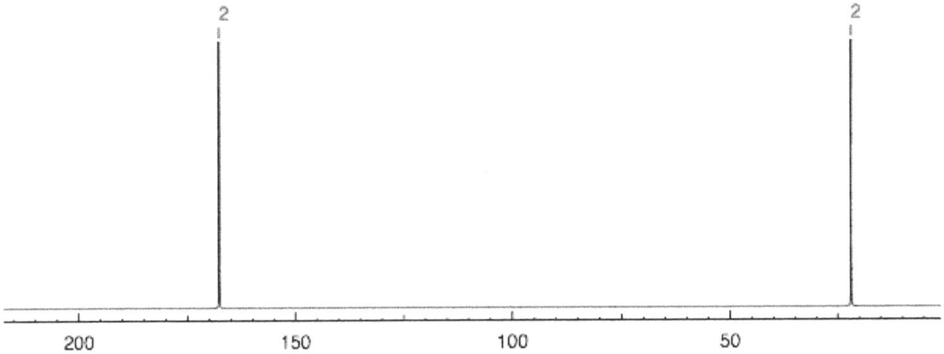

ACETONE

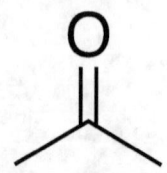

CAS 67-64-1

C_3H_6O	
58.080 g mol^{-1}	56.05 °C / 132.89 °F
0.785g cm^{-3}	5.1 P WATER MISCIBLE
-94.7 °C / -138.5 °F	pKa 19.16

^{1}H NMR: δ 2.11 (6H, s)

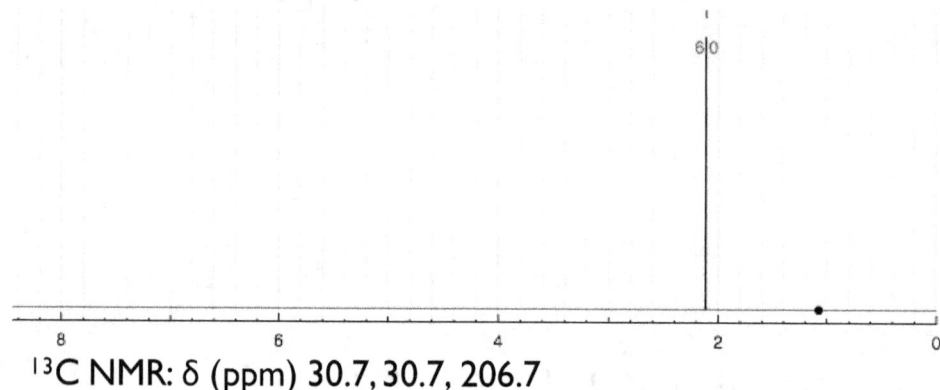

^{13}C NMR: δ (ppm) 30.7, 30.7, 206.7

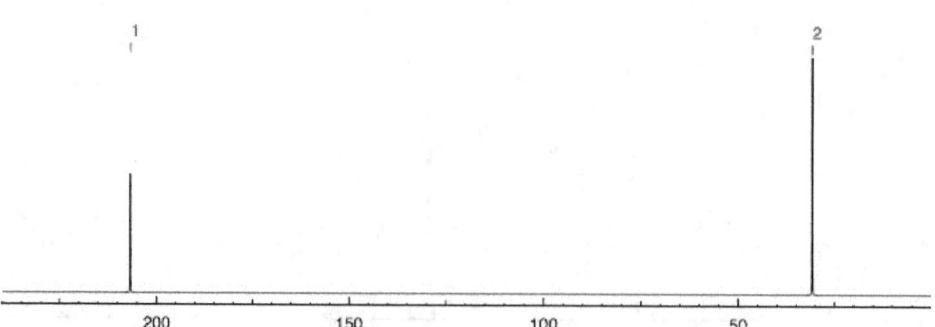

ACETONITRILE

CAS 75-05-8

C$_2$H$_3$N	
41.053 g mol^{-1}	81.8 °C / 178.9 °F
0.786g cm^{-3}	5.8 P WATER MISCIBLE
-45 °C / -49 °F	pKa ~25

^{1}H NMR: δ 2.50 (3H, s)

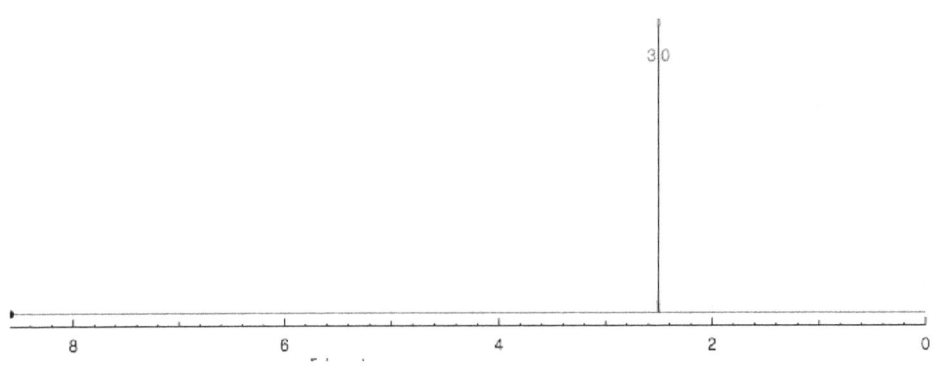

^{13}C NMR: δ (ppm) 2.0, 116.7

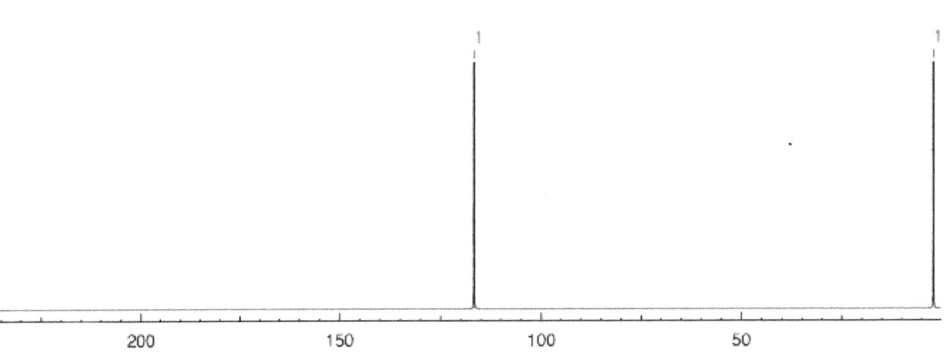

n-AMYL ACETATE

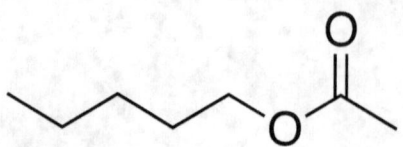

CAS 628-63-7

C₇H₁₄O₂	
130.19 g mol⁻¹	149 °C / 300 °F
0.876 g cm⁻³	~ 4 P
-71 °C / -96 °F	pKa ~19

¹H NMR: δ 0.87 (3H, t), 1.27 (2H, m), 1.38 (2H, m), 1.76 (2H, m), 2.04 (3H, s), 4.18 (2H, t)

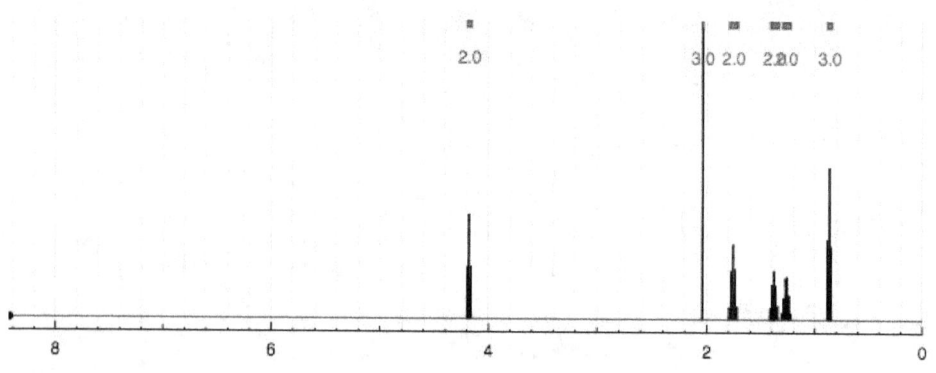

¹³C NMR: δ (ppm) 14.0, 20.8, 22.4, 28.3, 28.5, 64.6, 171.0

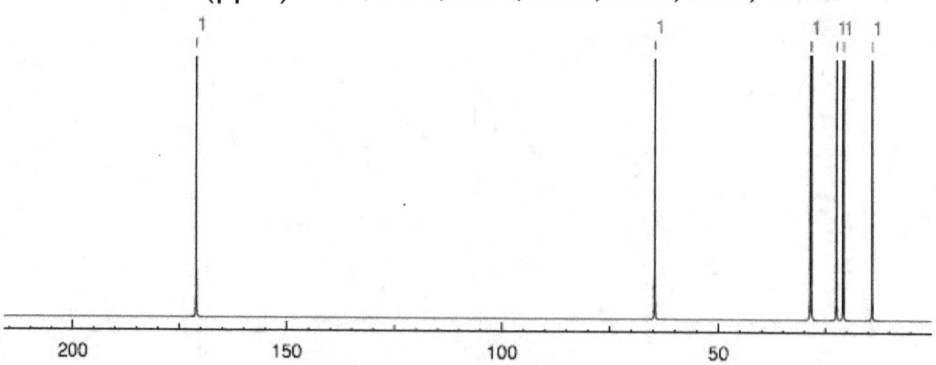

BENZENE

CAS 71-43-2

C_6H_6	
78.114 g mol⁻¹	80.1 °C / 176.2 °F
0.876g cm⁻³	2.0 P
5.53 °C / 41.95 °F	pKa -

¹H NMR: δ 7.38 (6H, m)

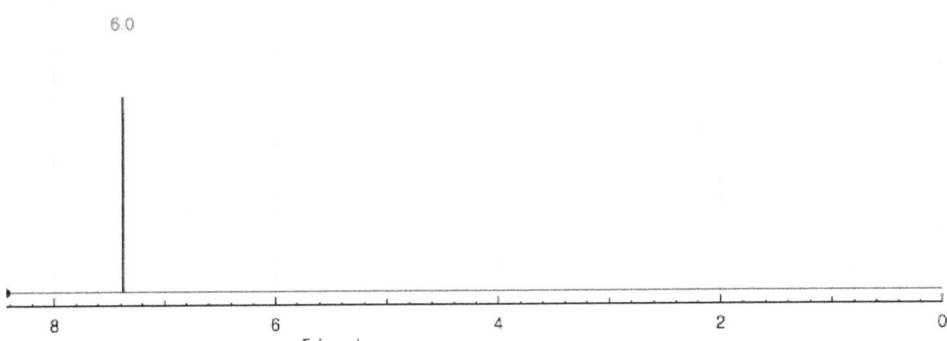

¹³C NMR: δ (ppm) 128.7, 128.7, 128.7, 128.7, 128.7, 128.7

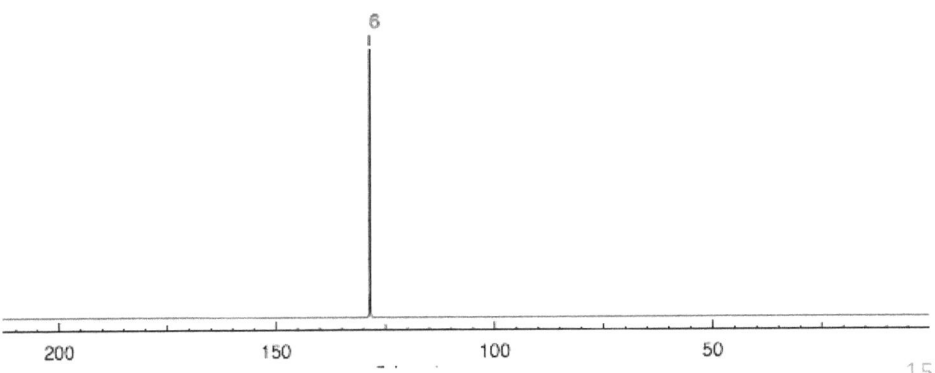

BENZONITRILE

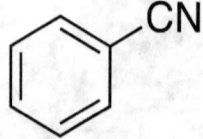

CAS 100-47-0

C₇H₅N	
103.12 g mol⁻¹	189 °C / 372 °F
1.0g cm⁻³	-
-13 °C / 9 °F	pKa high

¹H NMR: δ 7.50-7.63 (3H, m), 8.03 (2H, m)

¹³C NMR: δ (ppm) 110.8, 118.1, 127.6, 127.6, 127.8, 127.8, 128.9

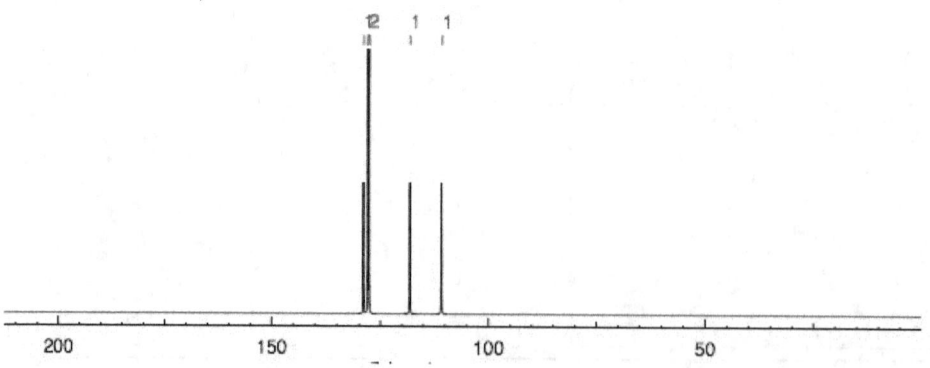

BENZYL ALCOHOL

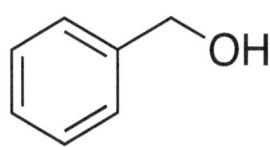

CAS 100-51-6

C₇H₈O	
108.140 g mol⁻¹	205.3 °C / 401.5 °F
1.044g cm⁻³	~ 4 P
-15.2 °C / 4.6 °F	pKa 15.4

¹H NMR: δ 4.55 (2H, s), 7.31-7.46 (5H, m)

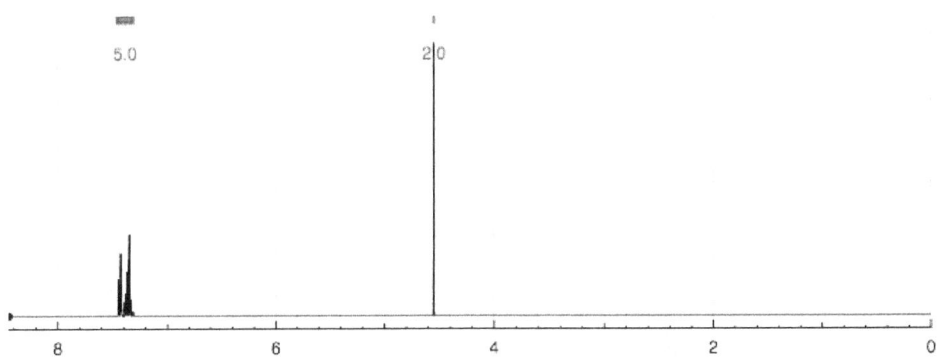

¹³C NMR: δ (ppm) 65.1, 127.5, 127.5, 128.8, 128.8, 128.9, 141.3

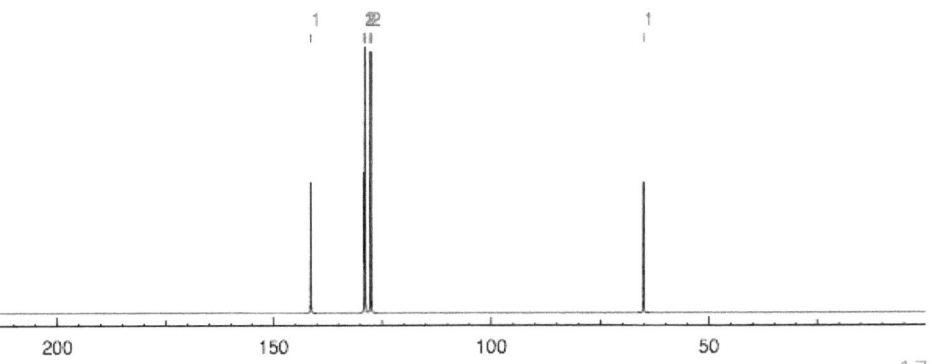

n-BUTANOL

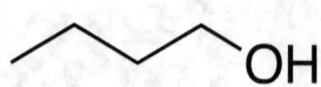

CAS 71-36-3

C₄H₁₀O	
74.123 g mol⁻¹	117.7 °C / 243.9 °F
0.81 g cm⁻³	3.9 *P*
-89.8 °C / -129.6 °F	pKa 16.1

¹H NMR: δ 0.87 (3H, t), 1.39 (2H, m), 1.67 (2H, m), 3.30 (2H, t)

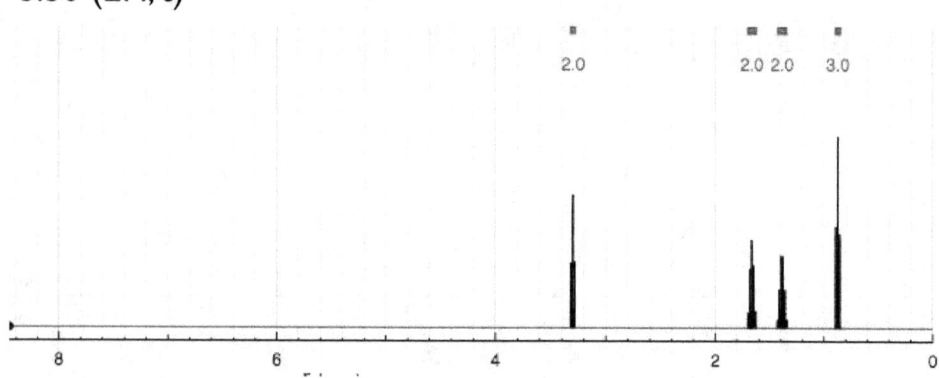

¹³C NMR: δ (ppm) 16.7, 19.1, 35.0, 61.4

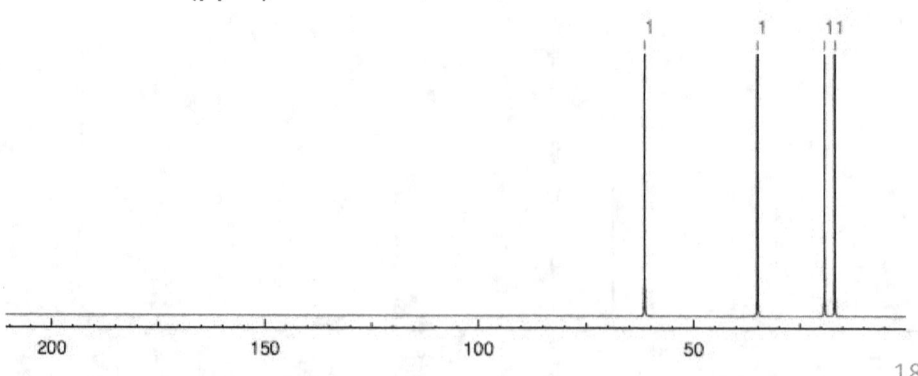

2-BUTOXYETHANOL

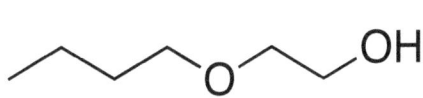

CAS 111-76-2

$C_6H_{14}O_2$	
118.18 g mol^{-1}	171 °C / 340 °F
0.90 g cm^{-3}	-	WATER MISCIBLE
-77 °C / -107 °F	pKa ~16

^{1}H NMR: δ 0.88 (3H, t), 1.39 (2H, m), 1.65 (2H, m), 3.37 (2H, t), 3.56 (2H, t), 3.61 (2H, t)

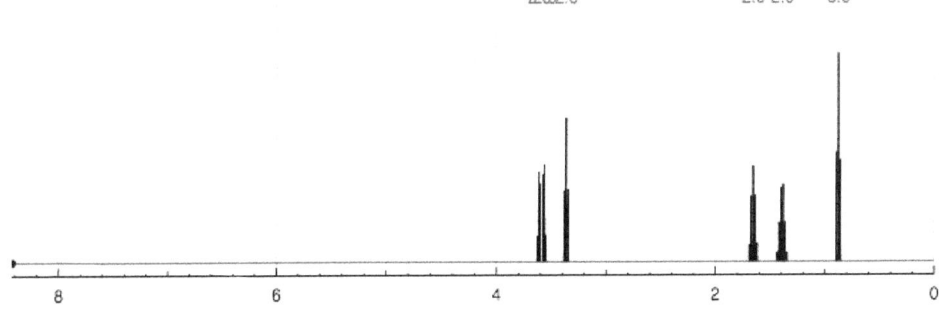

^{13}C NMR: δ (ppm) 13.8, 19.3, 32.1, 61.7, 65.5, 71.2

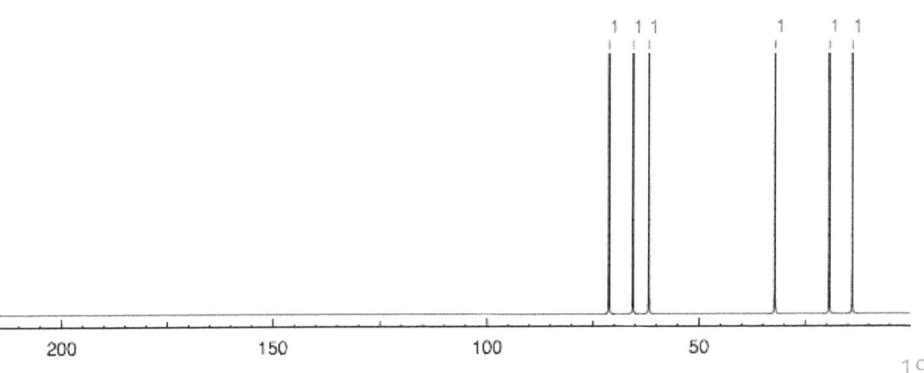

n-BUTYL ACETATE

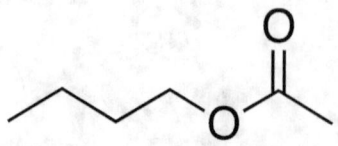

CAS 123-86-4

$C_6H_{12}O_2$	
116.16 g mol^{-1}	126.1 °C / 259.0 °F
0.883 g cm^{-3}	4.0 P WATER MISCIBLE
-78 °C / -108 °F	pKa ~19

^{1}H NMR: δ 0.88 (3H, t), 1.39 (2H, m), 1.74 (2H, m), 2.04 (3H, s), 4.15 (2H, t)

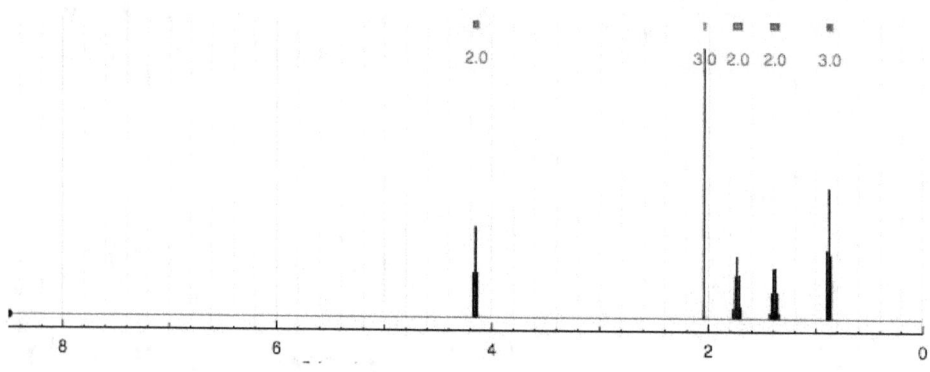

^{13}C NMR: δ (ppm) 13.8, 19.3, 20.8, 31.2, 64.3, 171.0

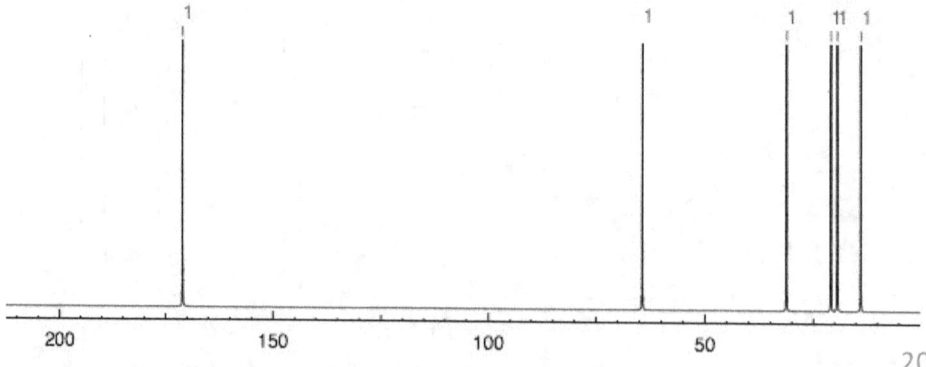

CARBON DISULFIDE

CS_2

CAS 75-15-0

CS_2	
76.13 g mol^{-1}	46.24 °C / 115.23 °F
1.26 g cm^{-3}	-
-111.6 °C / -168.9 °F	-

^{13}C NMR: δ (ppm) 189.2

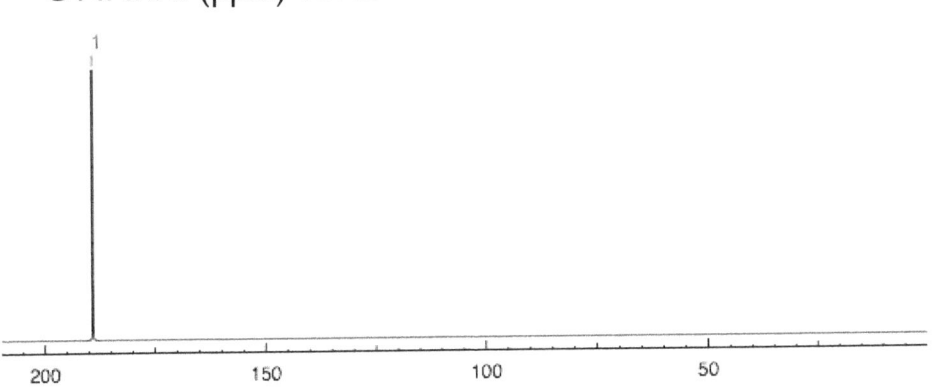

CARBON TETRACHLORIDE

CCl$_4$

CAS 56-23-5

CCl$_4$	
153.81 g mol^{-1}	76.72 °C / 170.10 °F
1.587 g cm^{-3}	1.6 P
-22.9 °C / -9.2 °F	-

^{13}C NMR: δ (ppm) 98.0

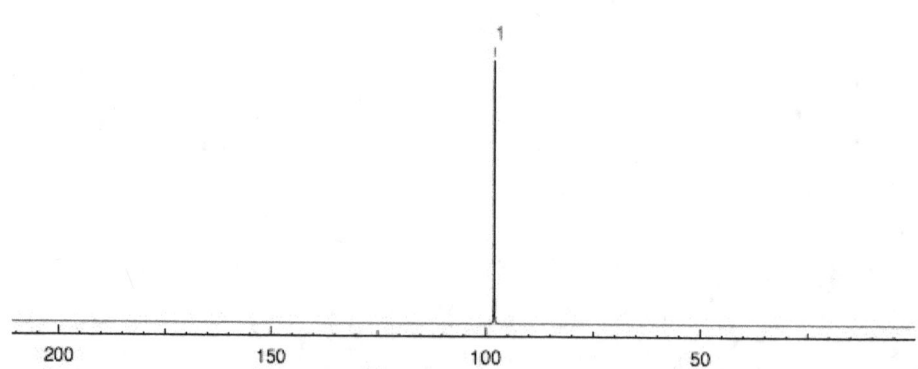

CHLOROBENZENE

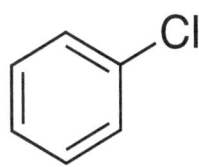

CAS 108-90-7

C₆H₅Cl	
112.56 g mol⁻¹	131 °C / 268 °F
1.11 g cm⁻³	2.7 P
-45 °C / -49 °F	-

¹H NMR: δ 7.27 (1H, m), 7.35-7.46 (4H, m)

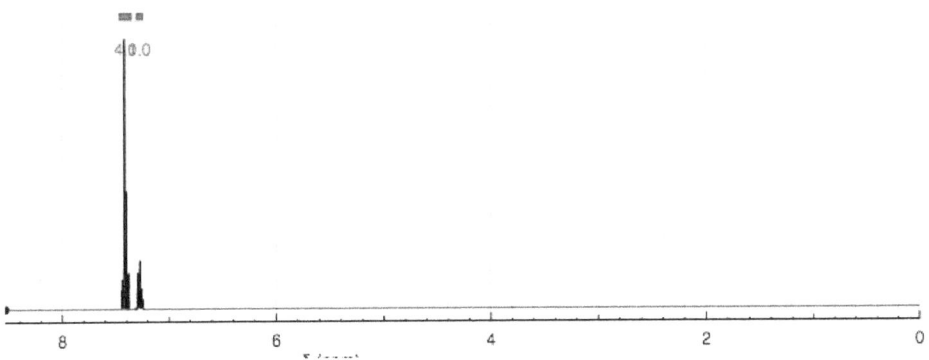

¹³C NMR: δ (ppm) 126.6, 128.9, 128.9, 128.9, 128.9, 134.8

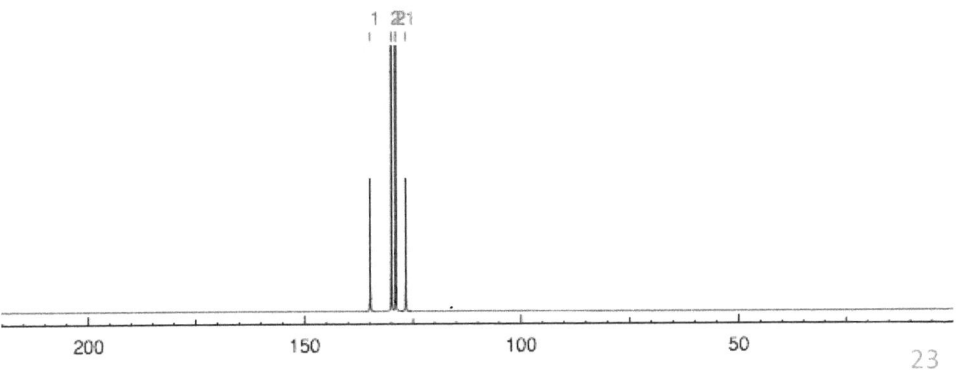

CHLOROFORM

CHCl₃

CAS 67-66-3

CHCl$_3$	
119.37 g mol^{-1}	61.15 °C / 142.07 °F
1.49 g cm^{-3}	4.1 P
-63.5 °C / -82.3 °F	pKa 15.7

^{1}H NMR: δ 7.24 (1H, s)

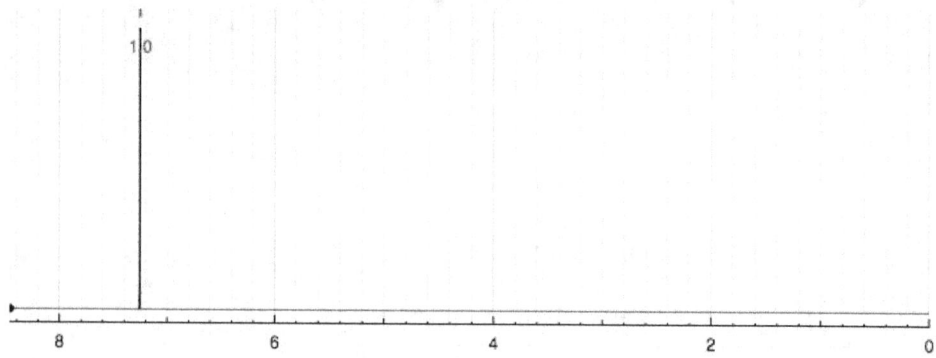

^{13}C NMR: δ (ppm) 77.4

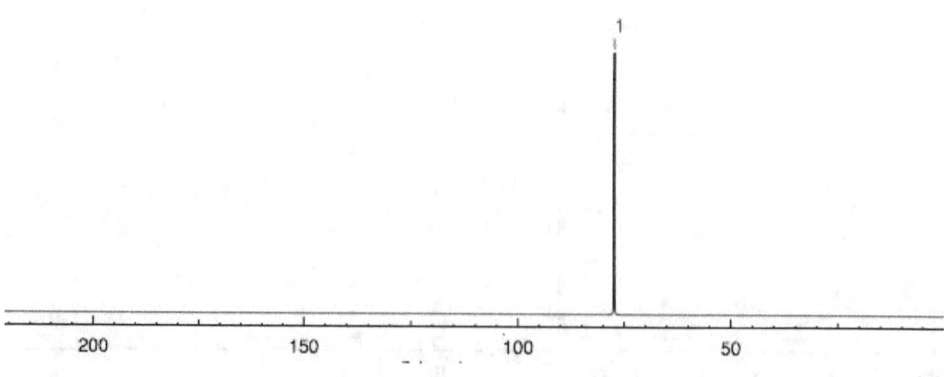

CYCLOHEXANE

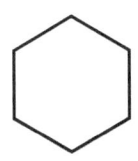

CAS 110-82-7

C$_6$H$_{12}$	
84.16 g mol^{-1}	80.74 °C / 177.33 °F
0.778 g cm^{-3}	0.1 P
6.5 °C / 43.65 °F	pKa ~ 45

^{1}H NMR: δ 1.35 (12H, s)

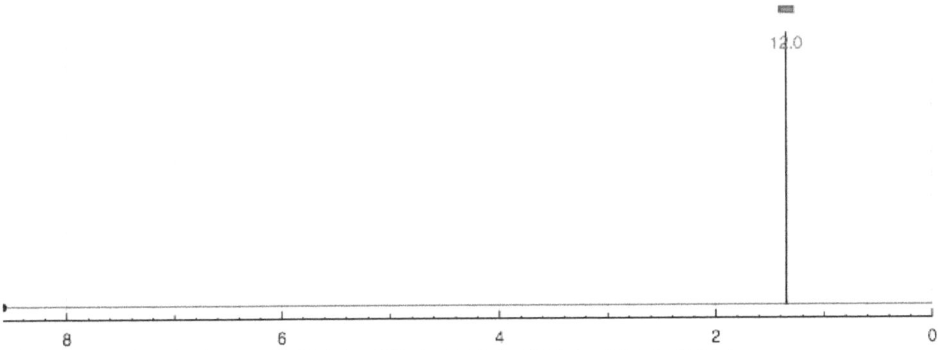

^{13}C NMR: δ (ppm) 27.1, 27.1, 27.1, 27.1, 27.1, 27.1

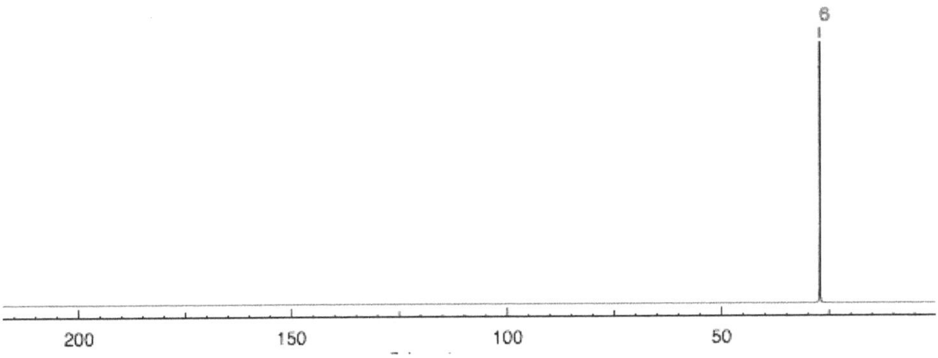

CYCLOPENTANE

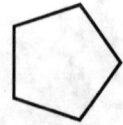

CAS 287-92-3

C_5H_{10}	
70.1 g mol^{-1}	49.2 °C / 120.6 °F
0.751 g cm^{-3}	0.1 P
-93.9 °C / -137.0 °F	pKa ~45

^{1}H NMR: δ 1.56 (10H, s)

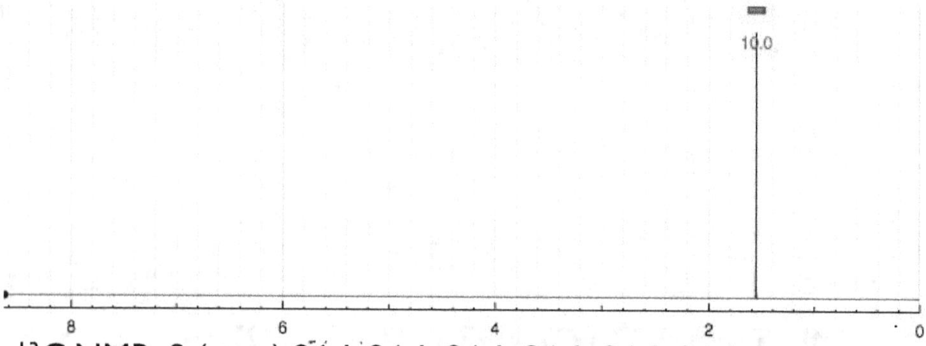

^{13}C NMR: δ (ppm) 26.1, 26.1, 26.1, 26.1, 26.1, 26.1

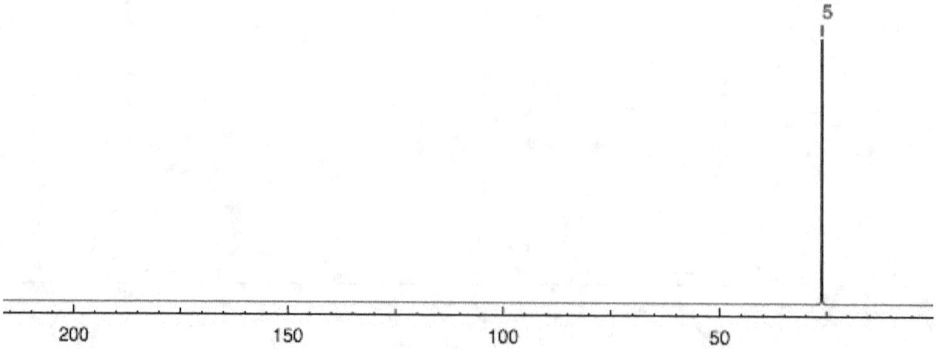

CYCLOPENTYL METHYL ETHER

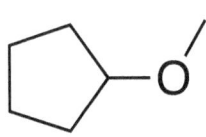

CAS 5614-37-9

$C_6H_{12}O$	
100.61 g mol⁻¹	106 °C / 223 °F
0.86 g cm⁻³	~ 3 P
-140 °C / -220 °F	pKa high

¹H NMR: δ 1.53-1.89 (8H, m), 3.23 (3H, s), 3.54 (1H, m)

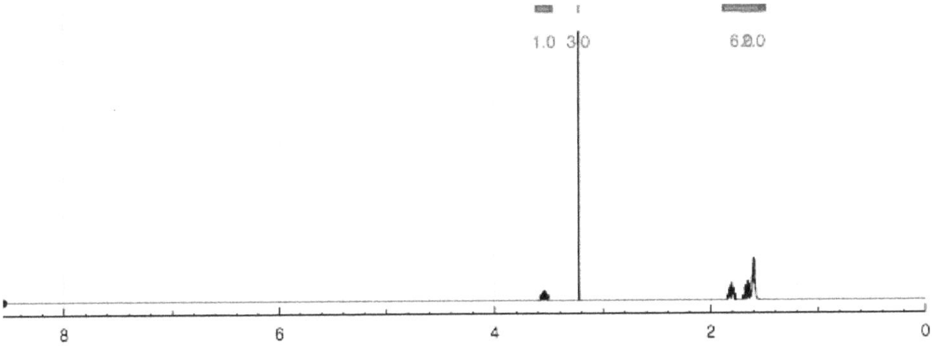

¹³C NMR: δ (ppm) 23.5, 23.5, 32.6, 32.6, 57.4, 74.6

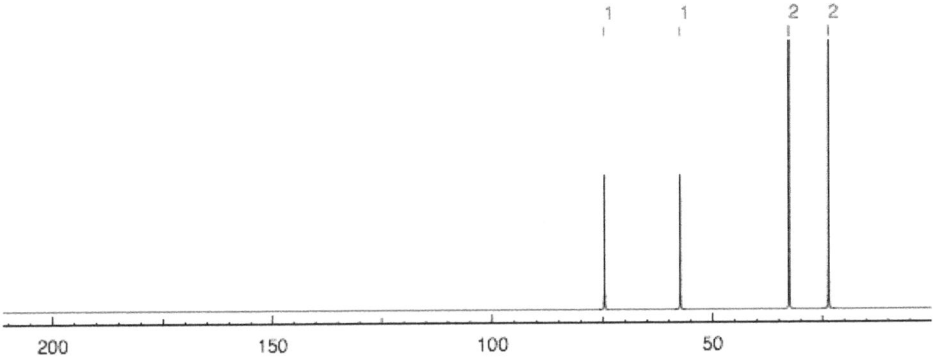

DIBUTYL ETHER

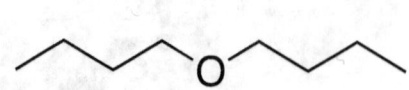

CAS 142-96-1

$C_8H_{18}O$	
130.321 g mol^{-1}	141 °C / 286 °F
0.77 g cm^{-3}	~ 3 P
-95 °C / -139 °F	pKa high

^{1}H NMR: δ 1.21 (6H, t), 3.37 (4H, q)

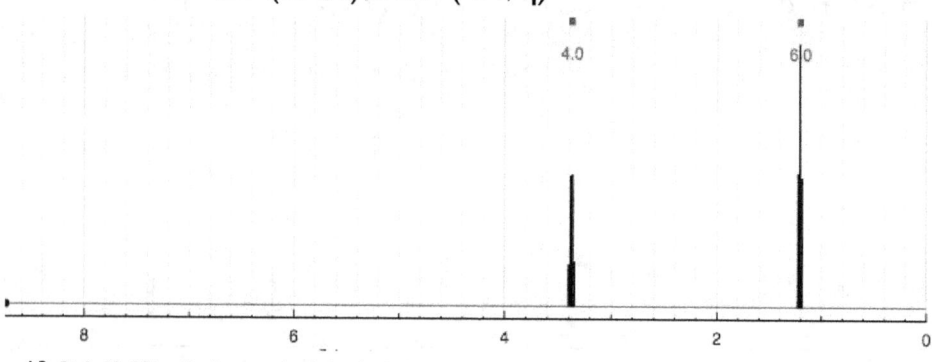

^{13}C NMR: δ (ppm) 16.4, 16.4, 66.9, 66.9

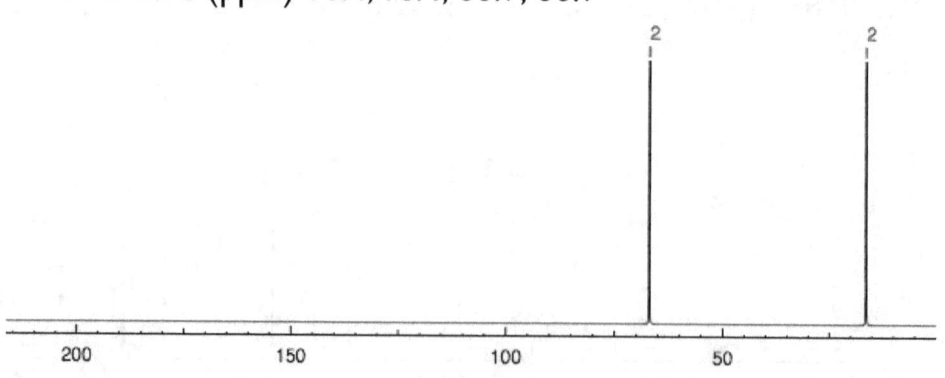

1,2-DICHLOROBENZENE

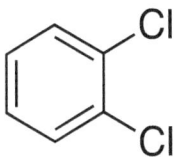

CAS 95-50-1

C$_6$H$_4$Cl$_2$	
147.01 g mol^{-1}	180.2 °C / 356.34 °F
1.30 g cm^{-3}	2.7 P
-17.0 °C / -1.35 °F	pKa high

^{1}H NMR: δ 7.29 (2H, m), 7.56 (2H, m)

^{13}C NMR: δ (ppm) 127.7, 127.7, 130.5, 130.5, 132.6, 132.6

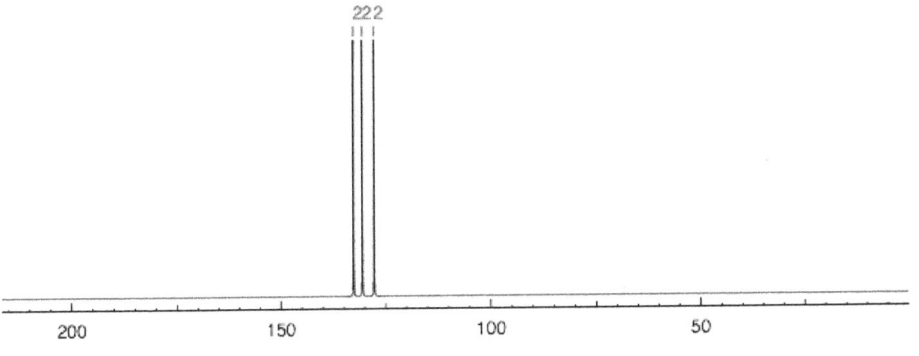

1,2-DICHLOROETHANE

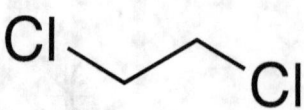

CAS 107-06-2

$C_2H_4Cl_2$	
98.95 g mol^{-1}	84 °C / 183 °F
1.253 g cm^{-3}	3.5 P
-35 °C / -31 °F	pKa high

^{1}H NMR: δ 3.89 (4H, t)

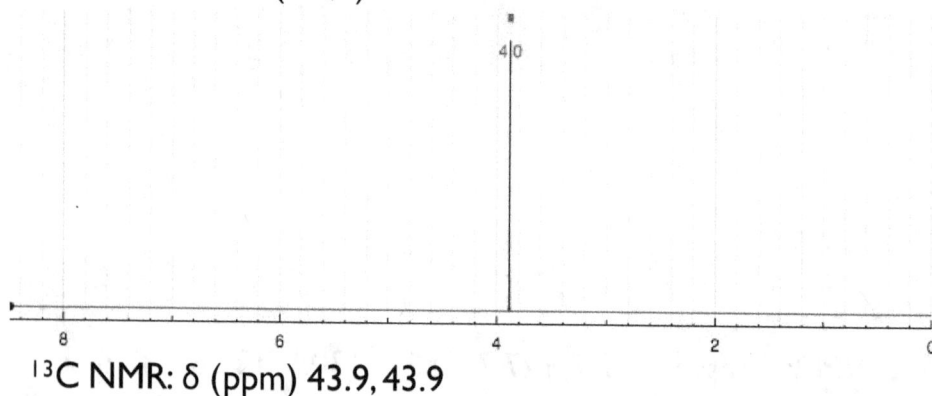

^{13}C NMR: δ (ppm) 43.9, 43.9

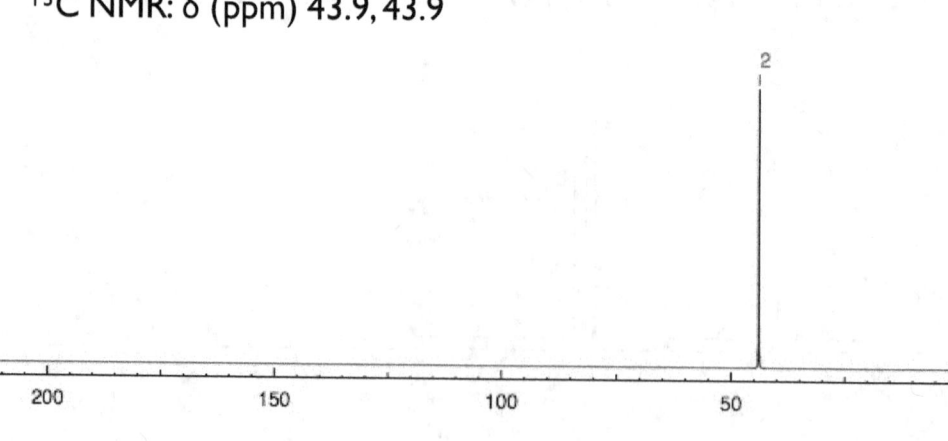

DICHLOROMETHANE

CH_2Cl_2

CAS 75-09-2

CH_2Cl_2	
84.93 g mol^{-1}	39.6 °C / 103.3 °F
1.327 g cm^{-3}	3.1 P
-96.7 °C / -142.1 °F	pKa high

^{1}H NMR: δ 5.01 (2H, s)

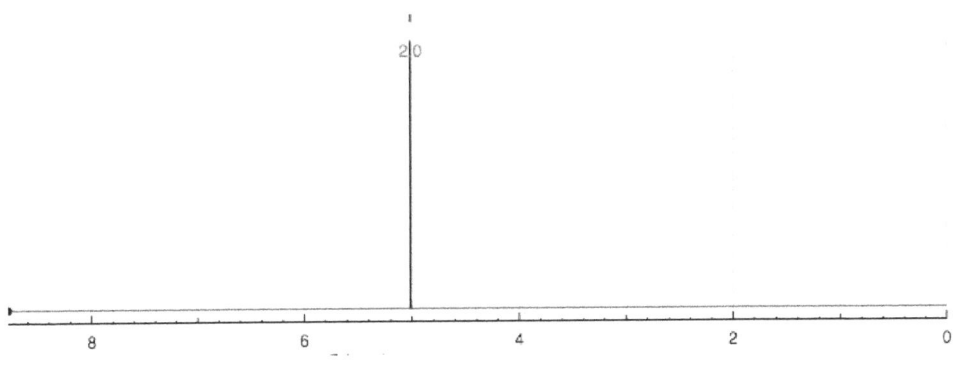

^{13}C NMR: δ (ppm) 53.5

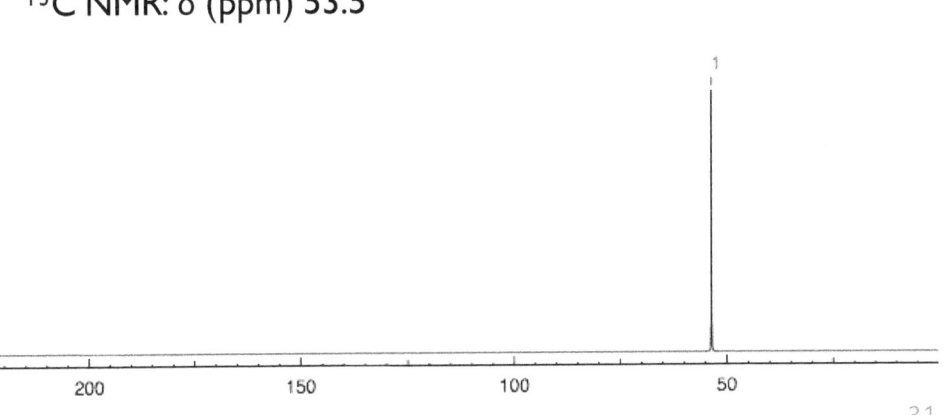

DIETHYL ETHER

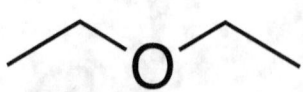

CAS 60-29-7

$C_4H_{10}O$	
74.123 g mol^{-1}	34.6 °C / 94.3 °F
0.713 g cm^{-3}	2.8 P
-116.3 °C / -177.3 °F	pKa high

^{1}H NMR: δ 1.21 (6H, t), 3.37 (4H, q)

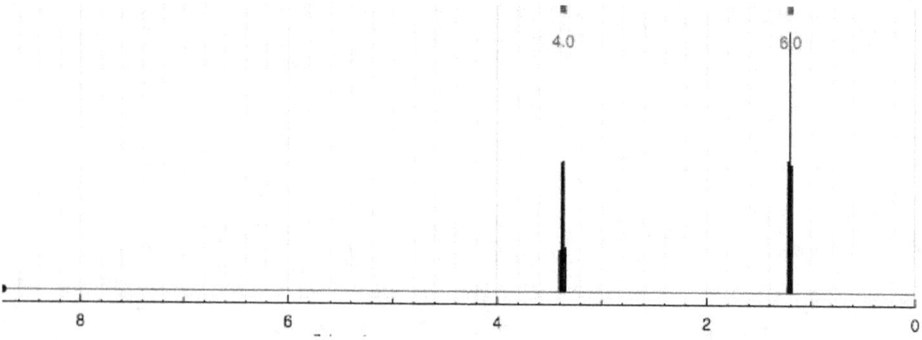

^{13}C NMR: δ (ppm) 16.4, 16.4, 66.9, 66.9

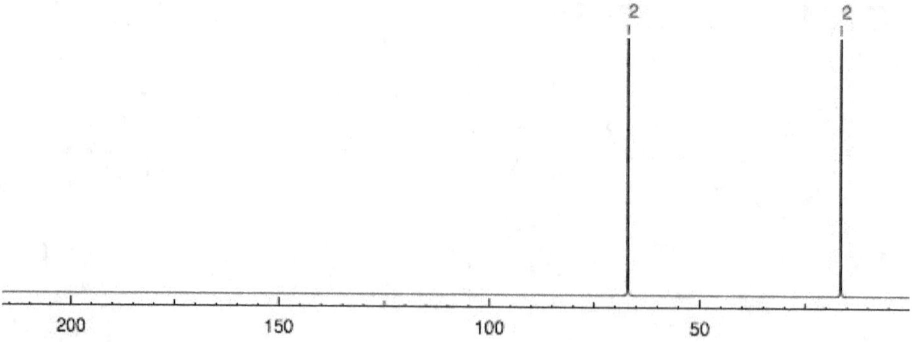

DIETHYL KETONE

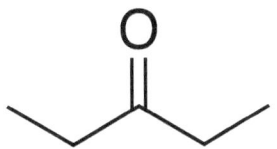

CAS 96-22-0

$C_5H_{10}O$	
86.13 g mol⁻¹	102 °C / 216 °F
0.81 g cm⁻³	~3.5 P
-39 °C / -38 °F	pKa ~20

¹H NMR: δ 1.01 (6H, t), 2.45 (4H, q)

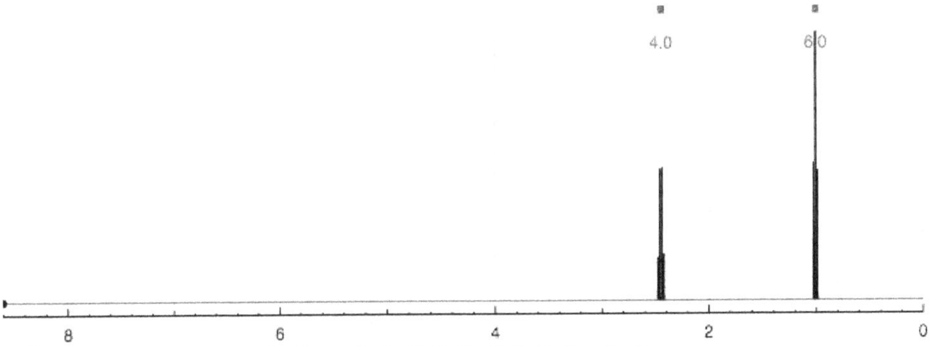

¹³C NMR: δ (ppm) 8.0, 8.0, 35.5, 35.5, 211.0

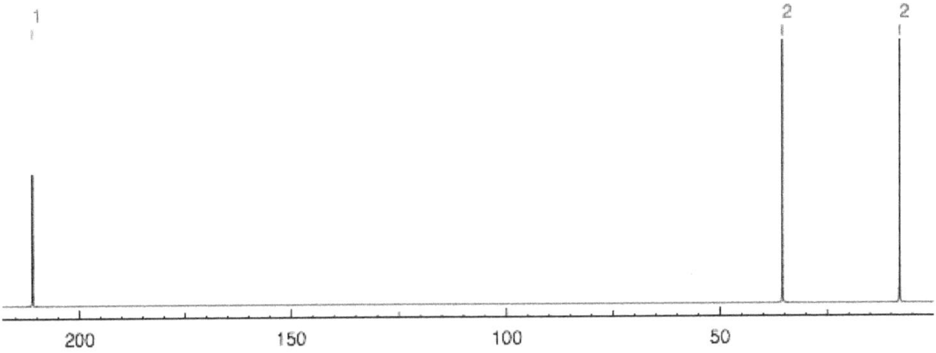

DIETHYLENE GLYCOL

CAS 111-46-6

C₄H₁₀O₃	
106.12 g mol⁻¹	244 °C / 471 °F
1.118 g cm⁻³	- WATER MISCIBLE
-10.45 °C / 13.19 °F	pKa ~15

¹H NMR: δ 3.56 (4H, t), 3.60 (4H, t)

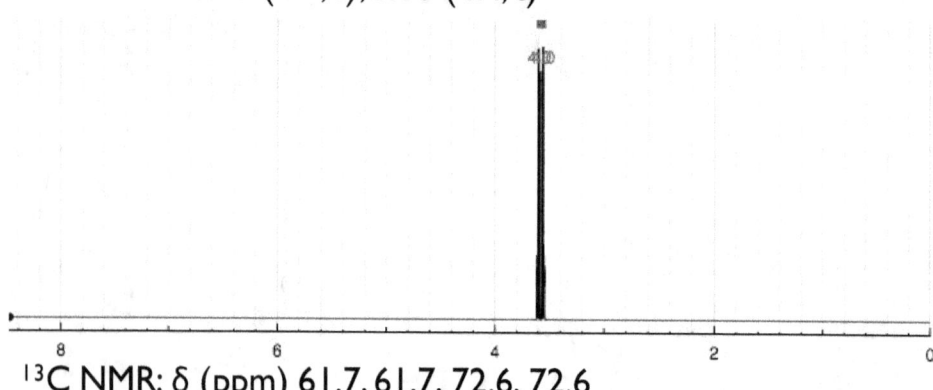

¹³C NMR: δ (ppm) 61.7, 61.7, 72.6, 72.6

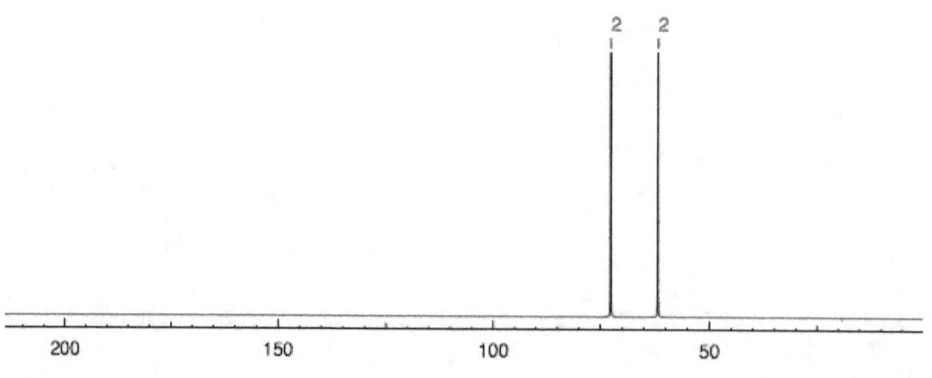

DIISOPROPYL ETHER

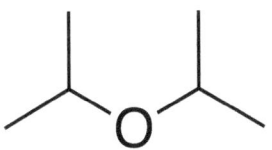

CAS 108-20-3

C$_6$H$_{14}$O	
102.177 g mol^{-1}	68.5 °C / 155.3 °F
0.725 g cm^{-3}	~ 2.5 P
-60 °C / -76 °F	pKa high

^{1}H NMR: δ 1.13 (12H, d), 3.74 (2H, m)

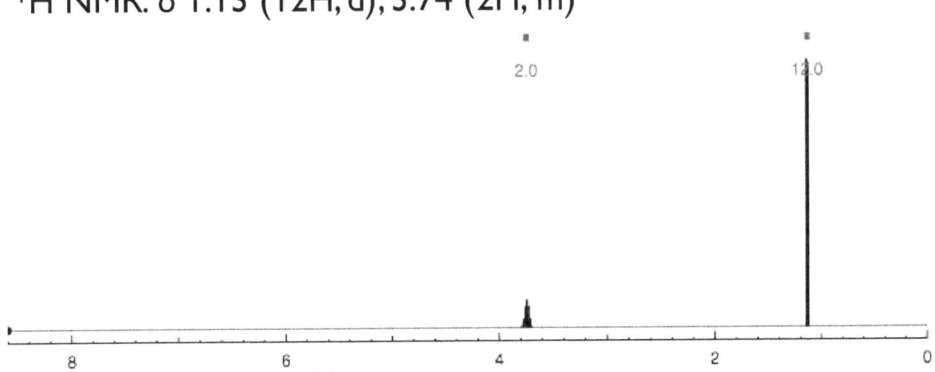

^{13}C NMR: δ (ppm) 23.1, 23.1, 23.1, 23.1, 68.4, 68.4

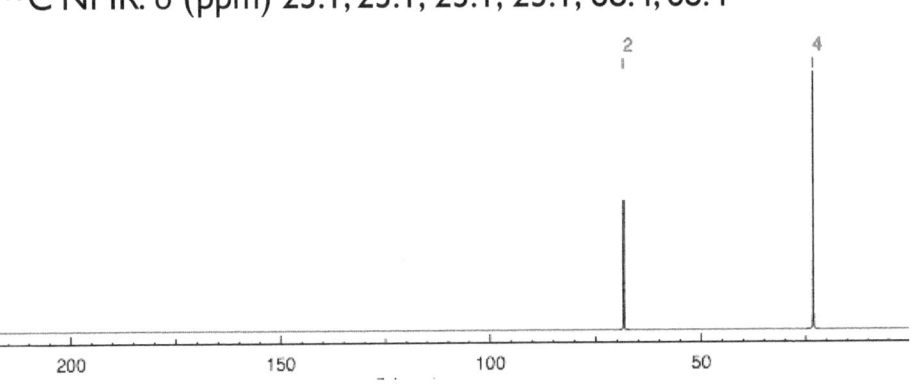

DIGLYME

CAS 111-96-6

$C_6H_{14}O_3$	
134.175 g mol^{-1}	162 °C / 324 °F
0.937 g cm^{-3}	-	WATER MISCIBLE
-64 °C / -83 °F	pKa high

^{1}H NMR: δ 3.21 (6H, s), 3.60 (4H, t), 3.63 (4H, t)

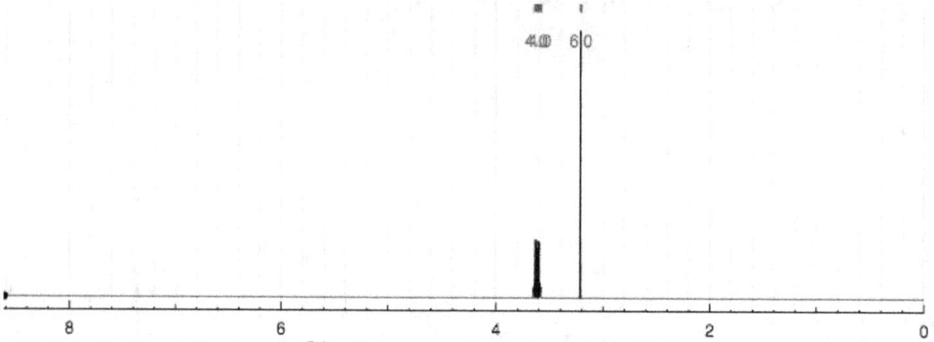

^{13}C NMR: δ (ppm) 58.6, 58.6, 70.6, 70.6, 71.8, 71.8

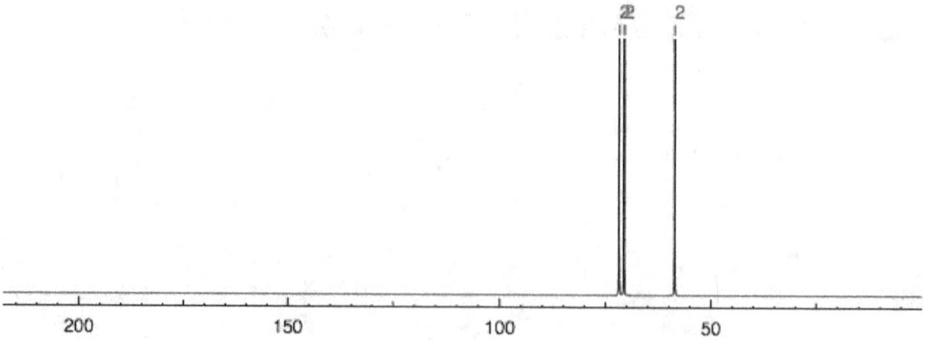

DIMETHOXYMETHANE

CAS 109-87-5

$C_3H_8O_2$	
76.10 g mol^{-1}	42 °C / 108 °F
0.859 g cm^{-3}	- WATER MISCIBLE
-105 °C / -157 °F	pKa high

^{1}H NMR: δ 3.22 (6H, s), 4.52 (2H, s)

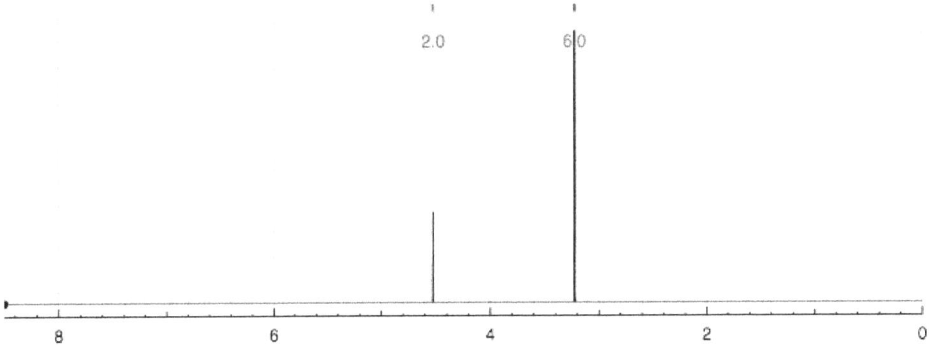

^{13}C NMR: δ (ppm) 53.7, 53.7, 109.9

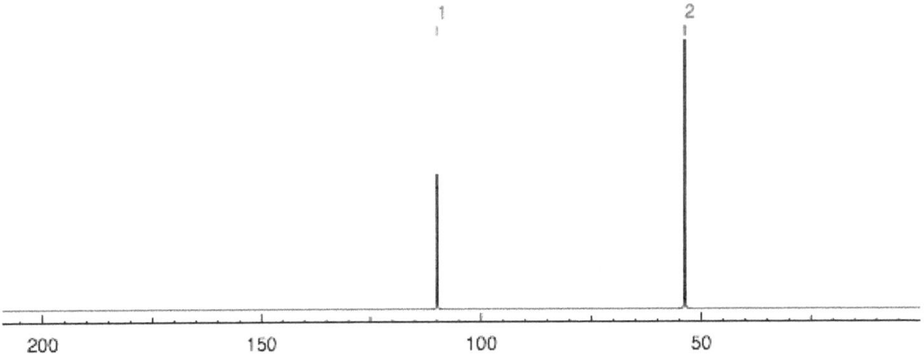

DIMETHYL ACETAMIDE

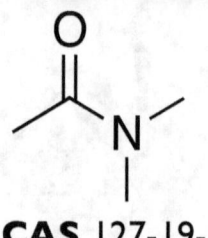

CAS 127-19-5

C₄H₉NO	
87.122 g mol⁻¹	165.1 °C / 329.1 °F
0.937 g cm⁻³	6.5 P WATER MISCIBLE
-20 °C / -4 °F	pKa ~25

¹H NMR: δ 1.85 (3H, s), 2.62 (6H, s)

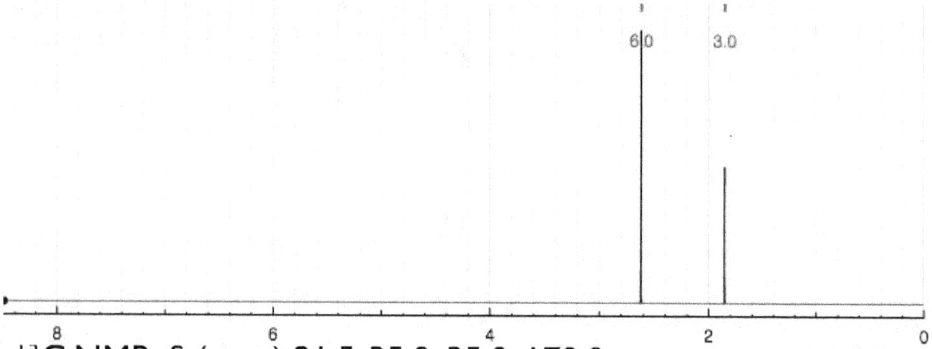

¹³C NMR: δ (ppm) 21.5, 35.0, 35.0, 170.0

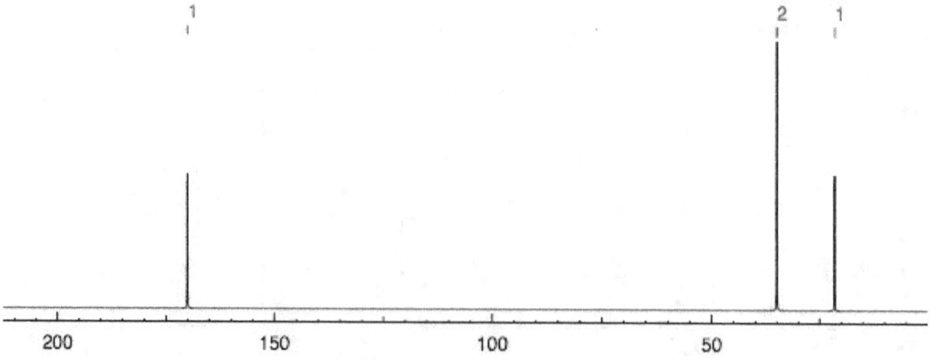

DIMETHYL CARBONATE

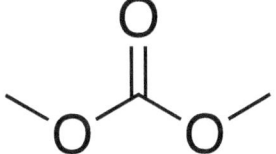

CAS 64-19-7

$C_3H_6O_3$	
90.08 g mol^{-1}	90 °C / 194 °F
1.071 g cm^{-3}	-
3 °C / 37 °F	pKa high

^{1}H NMR: δ 3.79 (6H, s)

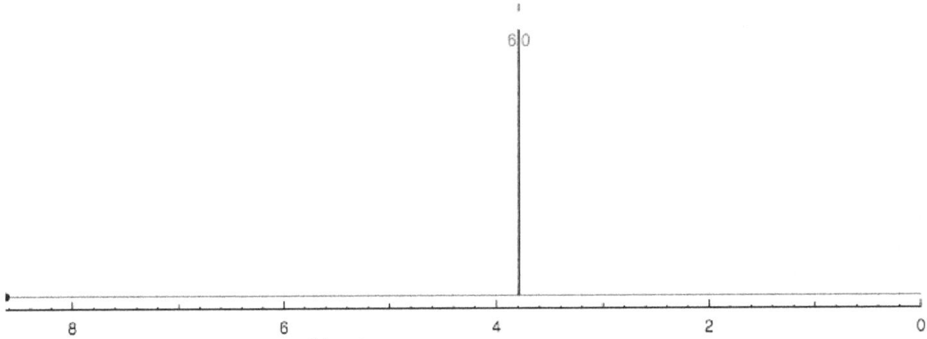

^{13}C NMR: δ (ppm) 54.9, 54.9, 156.9

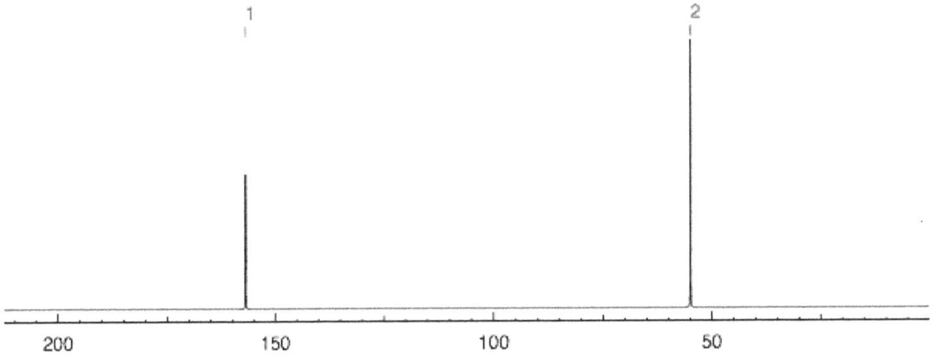

DIMETHYL FORMAMIDE

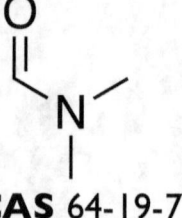

CAS 64-19-7

C$_3$H$_7$NO	
73.095 g mol^{-1}	153 °C / 307 °F
0.948 g cm^{-3}	6.4 P WATER MISCIBLE
-60.5 °C / 76.8 °F	pKa high

^{1}H NMR: δ 2.63 (6H, s), 8.40 (1H, s)

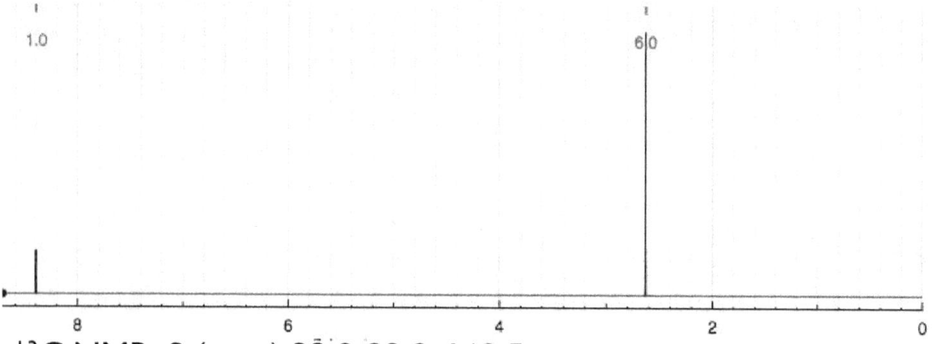

^{13}C NMR: δ (ppm) 33.8, 33.8, 162.5

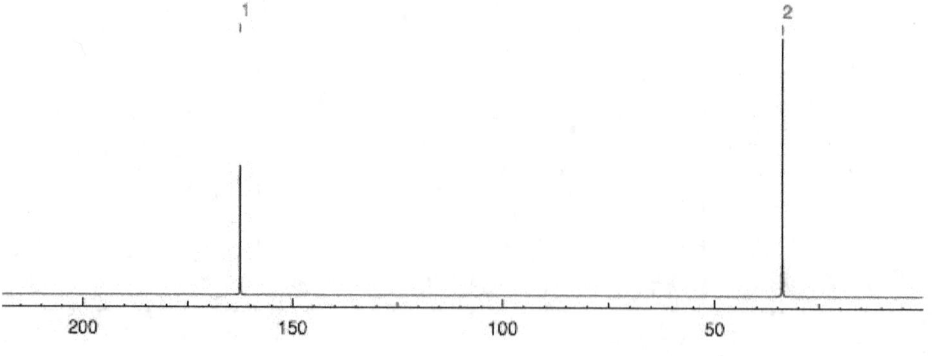

1,3-DIMETHYL-2-IMIDAZOLIDINONE

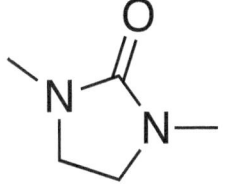

CAS 80-73-9

$C_5H_{10}N_2O$	
114.1457 g mol^{-1}	225 °C / 437 °F
1.056 g cm^{-3}	- WATER MISCIBLE
8.2 °C / 46.8 °F	pKa high

^{1}H NMR: δ 2.93 (6H, s), 3.45 (4H, m)

^{13}C NMR: δ (ppm) 31.3, 31.3, 45.0, 45.0, 161.3

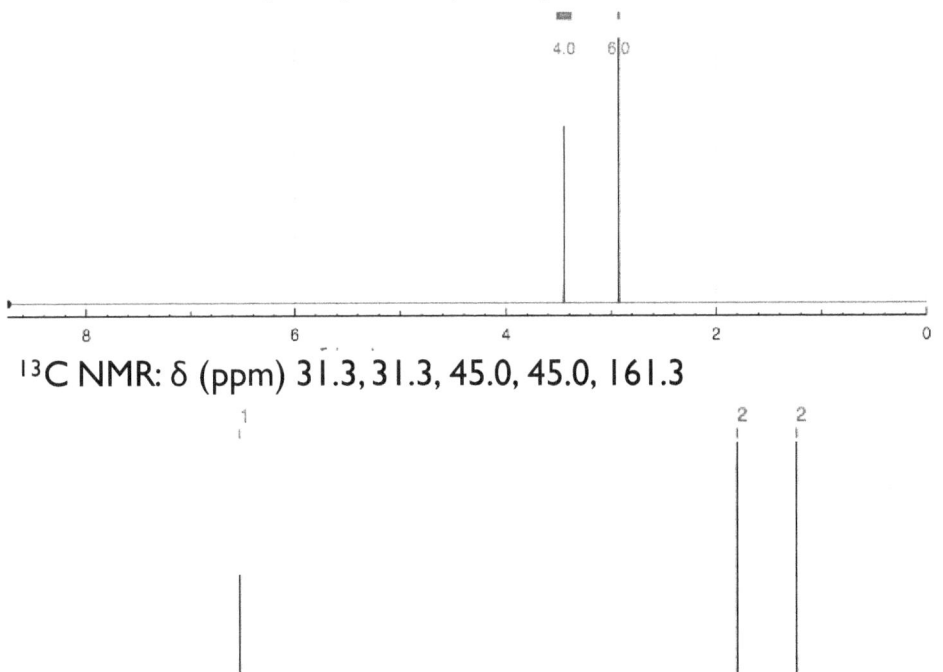

N,N-DIMETHYL PROPYLENEUREA

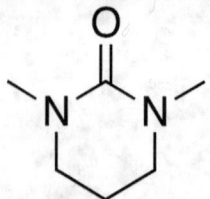

CAS 7226-23-5

C₆H₁₂N₂O	
128.175 g mol⁻¹	246 °C / 475.7 °F
1.064 g cm⁻³	- WATER MISCIBLE
-20 °C / -4 °F	pKa high

¹H NMR: δ 1.67 (2H, m), 2.92 (6H, s), 3.04 (4H, m)

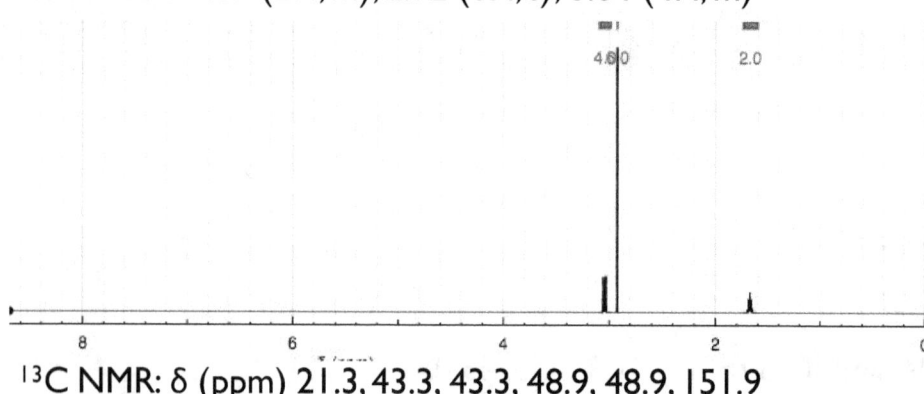

¹³C NMR: δ (ppm) 21.3, 43.3, 43.3, 48.9, 48.9, 151.9

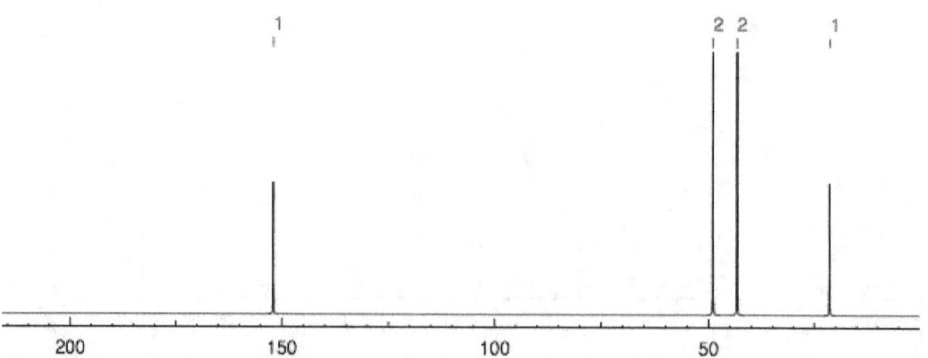

DIMETHYL SULFOXIDE

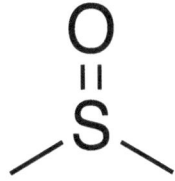

CAS 67-68-5

C_2H_6OS	
78.13 g mol⁻¹	189 °C / 372 °F
1.10 g cm⁻³	7.2 P WATER MISCIBLE
19 °C / 66 °F	pKa ~35

¹H NMR: δ 2.68 (6H, s)

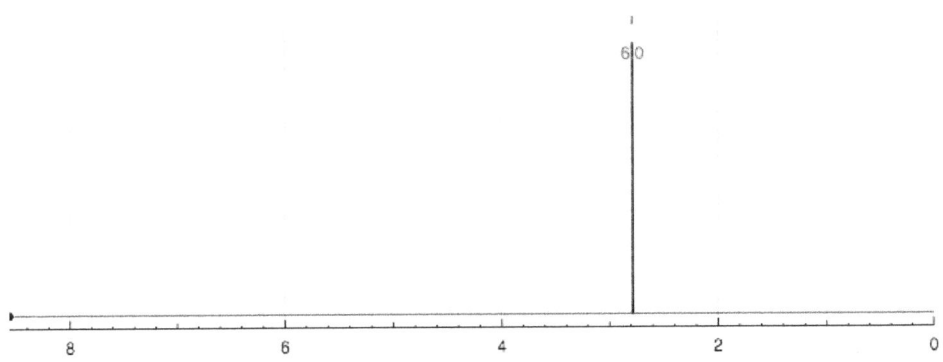

¹³C NMR: δ (ppm) 40.1, 40.1

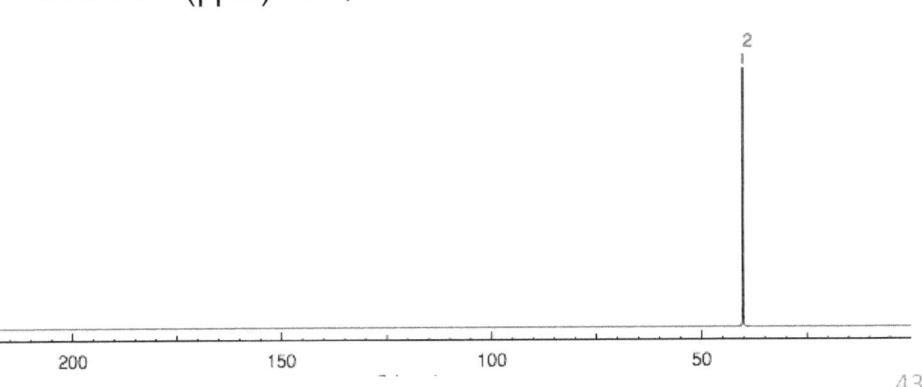

1,4-DIOXANE

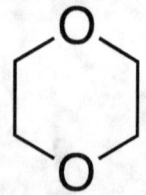

CAS 67-68-5

C₄H₈O₂	
78.13 g mol⁻¹	101.1 °C / 214.0 °F
1.10 g cm⁻³	4.8 P WATER MISCIBLE
11.8 °C / 53.2 °F	pKa high

¹H NMR: δ 3.53 (8H, t)

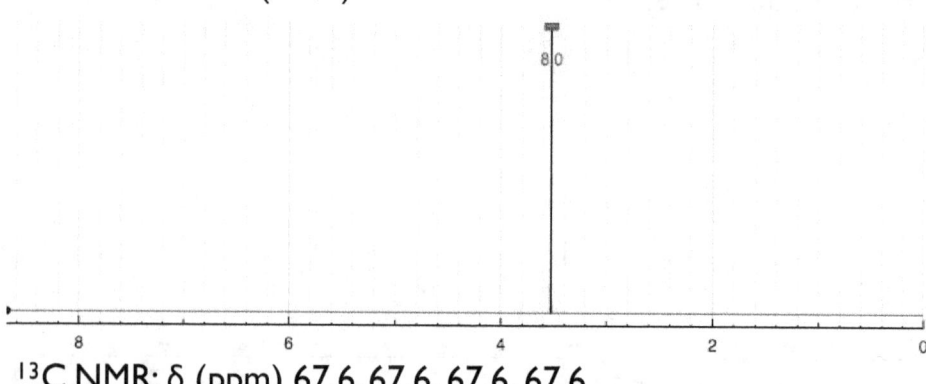

¹³C NMR: δ (ppm) 67.6, 67.6, 67.6, 67.6

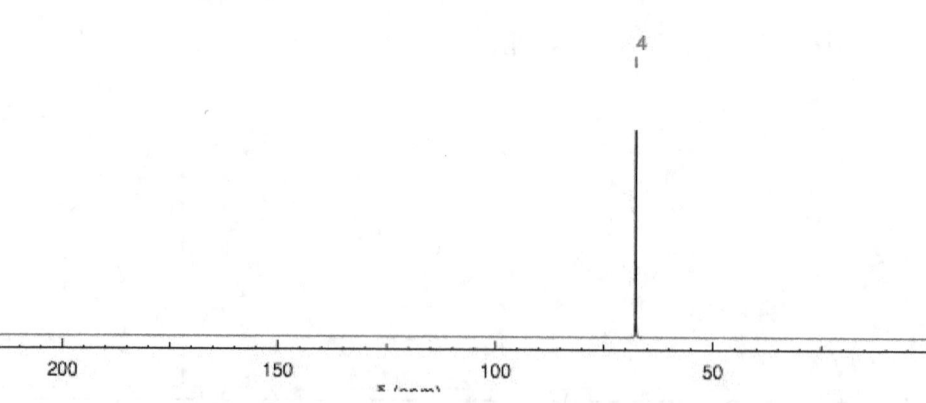

ETHANOL

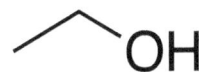

CAS 64-17-5

C_2H_6O	
46.069 g mol^{-1}	78.24 °C / 172.83 °F
0.7893 g cm^{-3}	~ 4.5 P WATER MISCIBLE
-114.4 °C / -173.45 °F	pKa 15.9

^{1}H NMR: δ 1.19 (3H, t), 3.31 (2H, q)

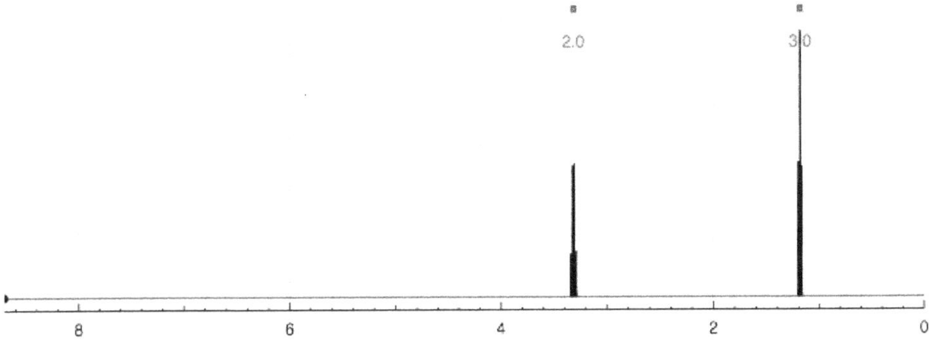

^{13}C NMR: δ (ppm) 18.6, 57.4

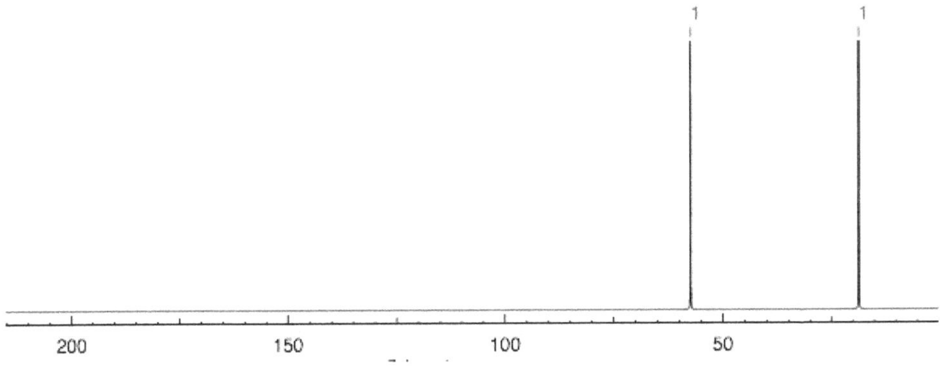

2-ETHOXYETHANOL

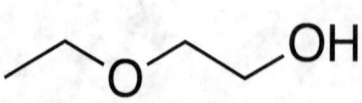

CAS 110-80-5

C₄H₁₀O₂	
90.122 g mol⁻¹	135 °C / 275 °F
0.930 g cm⁻³	~ 5 P WATER MISCIBLE
-70 °C / -94 °F	pKa ~ 15

¹H NMR: δ 1.22 (3H, t), 3.42 (2H, q), 3.56 (2H, t), 3.61 (2H, t)

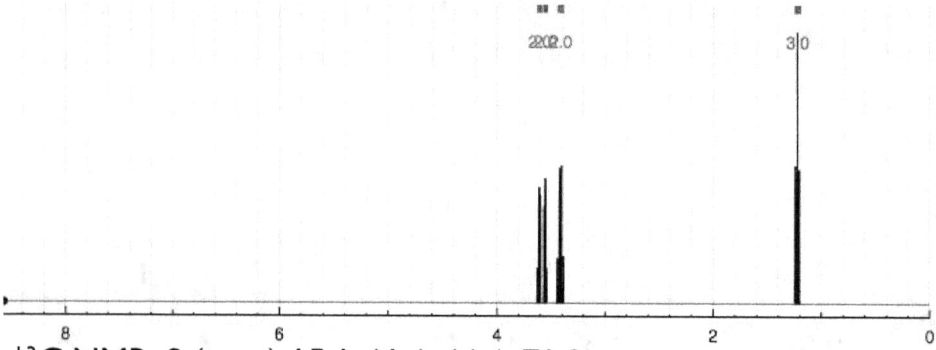

¹³C NMR: δ (ppm) 15.1, 61.6, 66.6, 71.9

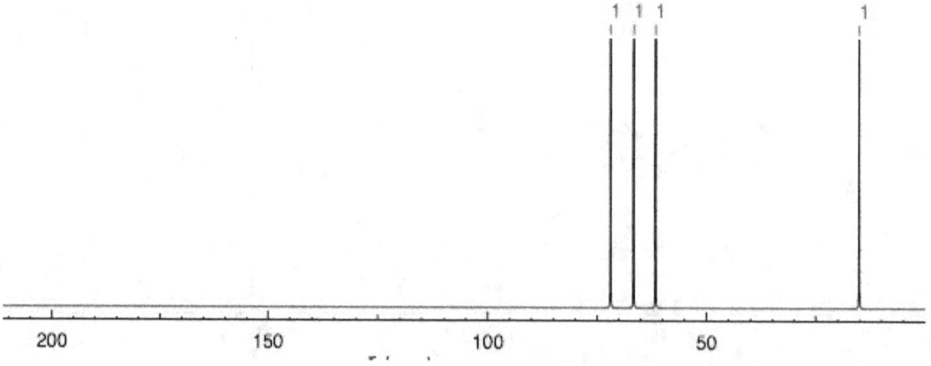

2-ETHOXYETHYL ACETATE

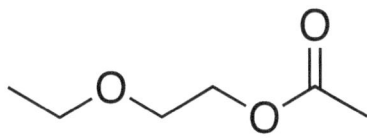

CAS 111-15-9

$C_6H_{12}O_3$	
132.159 g mol^{-1}	156 °C / 312.8 °F
0.973 g cm^{-3}	-
-65 °C / -85 °F	pKa ~ 25

^{1}H NMR: δ 1.23 (3H, t), 2.04 (3H, s), 3.41 (2H, q), 3.59 (2H, t), 4.51 (2H, t)

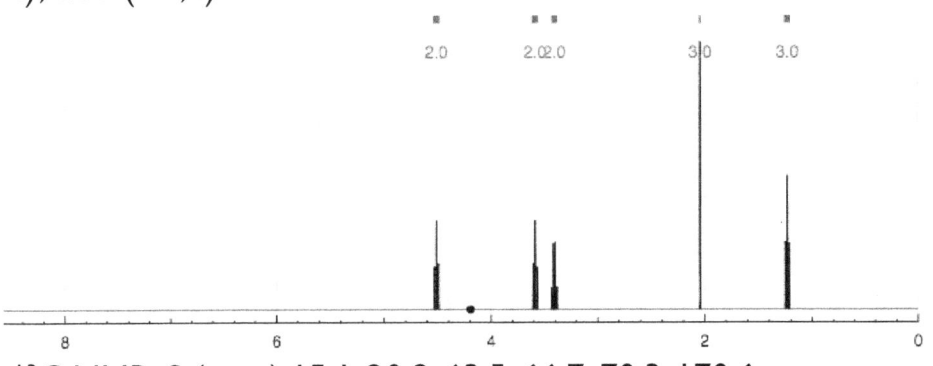

^{13}C NMR: δ (ppm) 15.1, 20.8, 63.5, 66.7, 70.3, 170.6

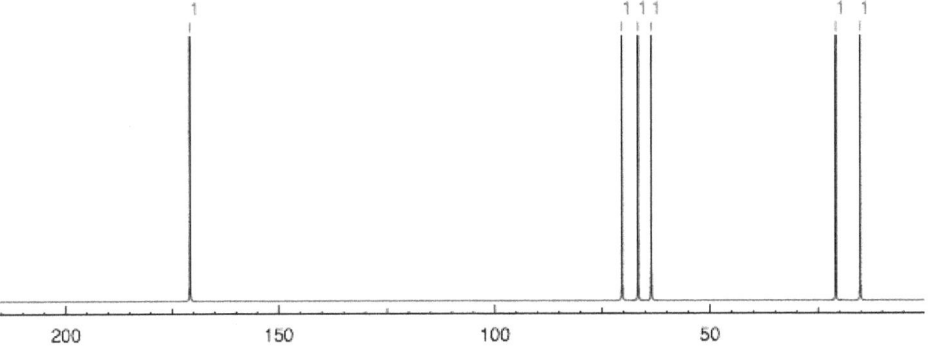

ETHYL ACETATE

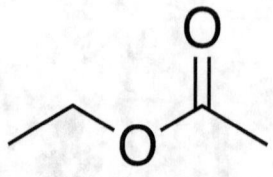

CAS 141-78-6

$C_4H_8O_2$	
88.106 g mol^{-1}	77.1 °C / 170.78 °F
0.902 g cm^{-3}	4.4 P
-83.6 °C / -118.48 °F	pKa 25

^{1}H NMR: δ 1.16 (3H, t), 2.04 (3H, s), 4.10 (2H, q)

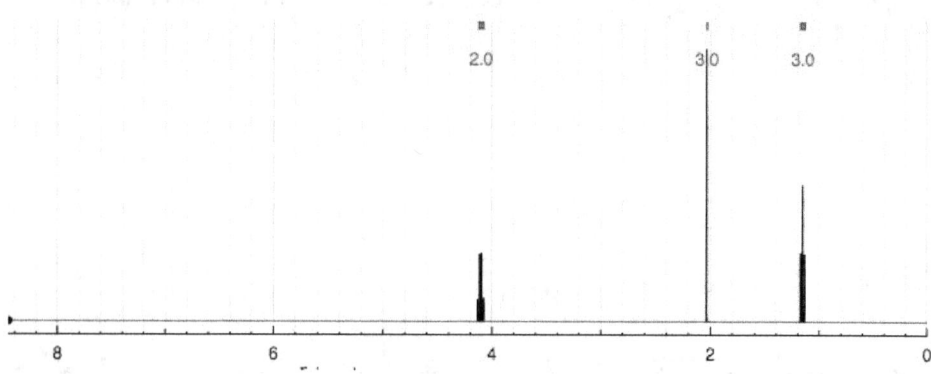

^{13}C NMR: δ (ppm) 14.2, 21.0, 60.3, 170.6

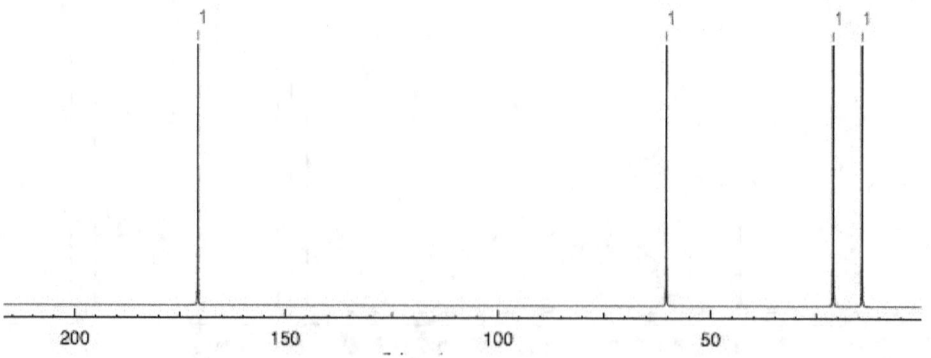

ETHYL FORMATE

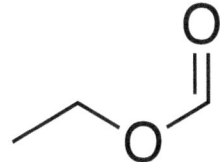

CAS 109-94-4

$C_3H_6O_2$	
74.079 g mol^{-1}	54.0 °C / 129.2 °F
0.917 g cm^{-3}	~ 4.5 P
-80 °C / -112 °F	pKa high

^{1}H NMR: δ 1.15 (3H, t), 4.11 (2H, q), 9.44 (1H, s)

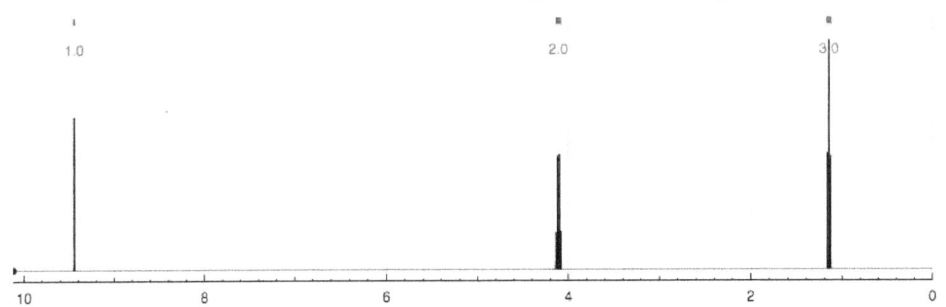

^{13}C NMR: δ (ppm) 14.3, 60.0, 161.3

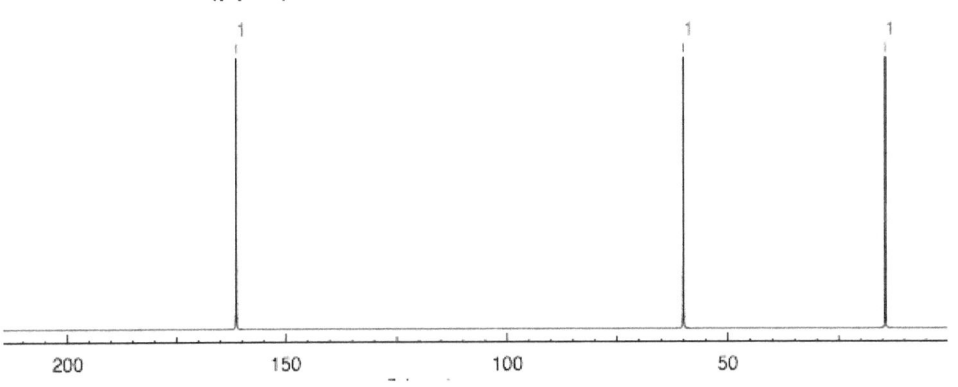

2-ETHYL HEXANOL

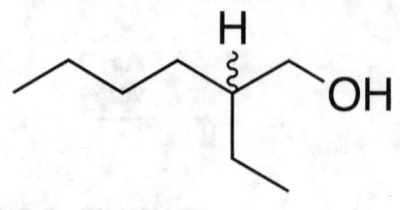

CAS 104-76-7

C₃H₆O₂	
130.23 g mol⁻¹	181 °C / 357.8 °F
0.833 g cm⁻³	-
-76 °C / -104.8 °F	pKa ~16

¹H NMR: δ 0.80-0.90 (6H, m), 1.19-1.34 (5H, m), 1.39-1.47 (2H, m), 1.54-1.68 (1H, m), 3.33 (2H, d)

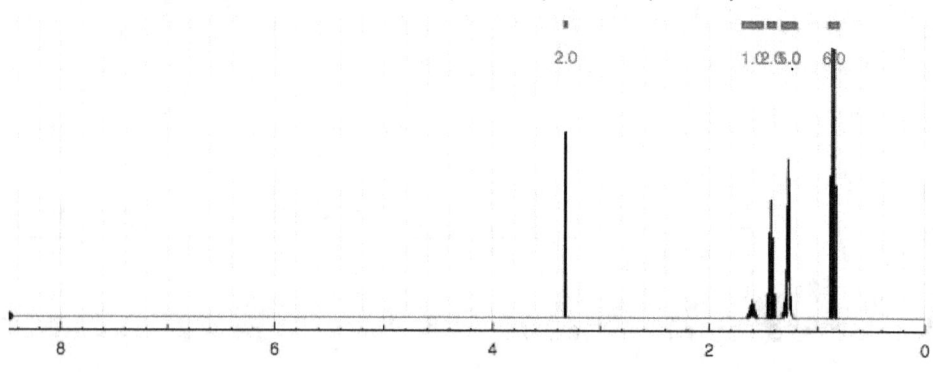

¹³C NMR: δ (ppm) 11.1, 14.0, 22.9, 23.4, 29.0, 30.2, 42.1, 65.1

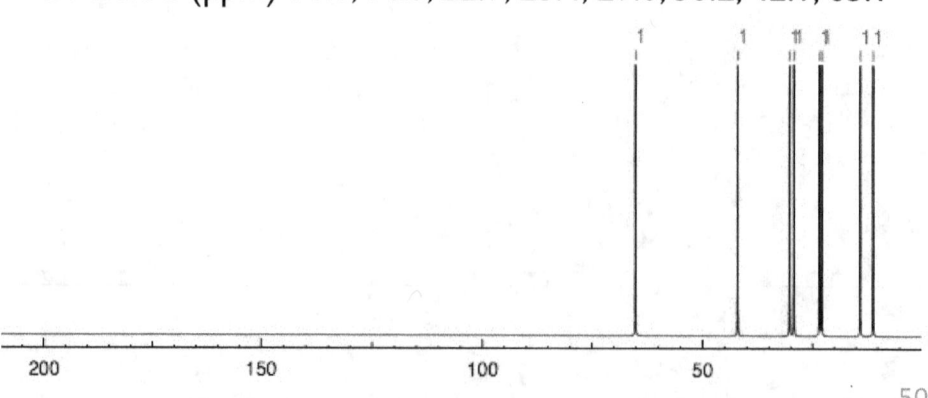

ETHYLENE GLYCOL

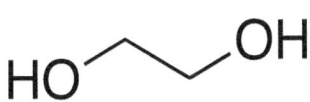

CAS 107-21-1

$C_2H_6O_2$	
62.068 g mol^{-1}	197.3 °C / 387.14 °F
1.1132 g cm^{-3}	- WATER MISCIBLE
-12.9 °C / 8.78 °F	pKa ~15

^{1}H NMR: δ 3.52 (4H, t)

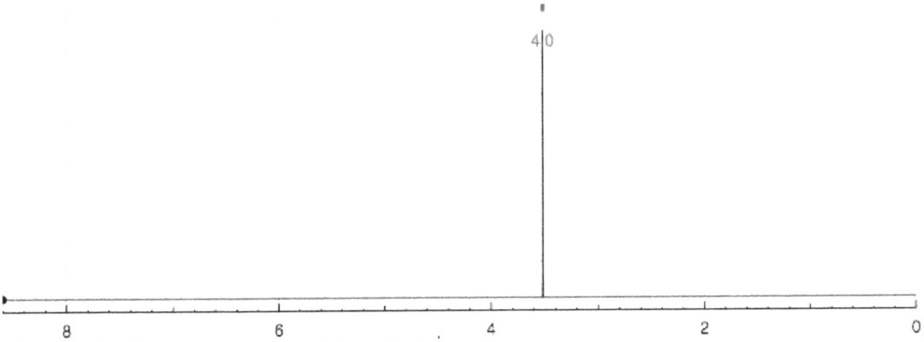

^{13}C NMR: δ (ppm) 67.3, 67.3

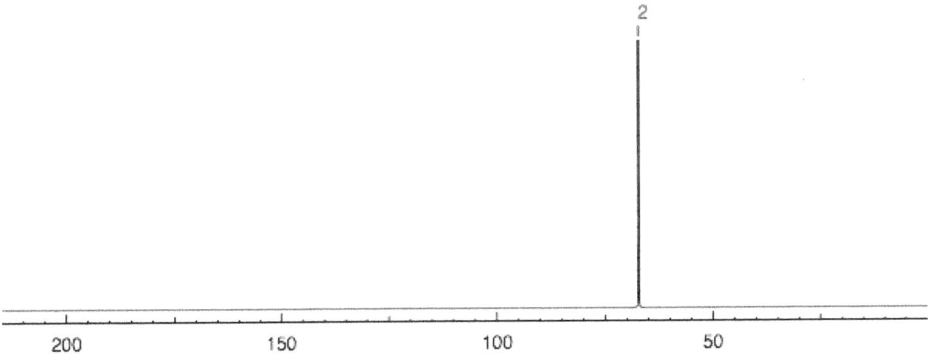

FORMAMIDE

CAS 75-12-7

CH$_3$NO	
45.04 g mol^{-1}	210 °C / 410 °F
1.133 g cm^{-3}	- WATER MISCIBLE
2 °C / 35.6 °F	pKa 23.8

^{1}H NMR: δ 8.48 (1H, s)

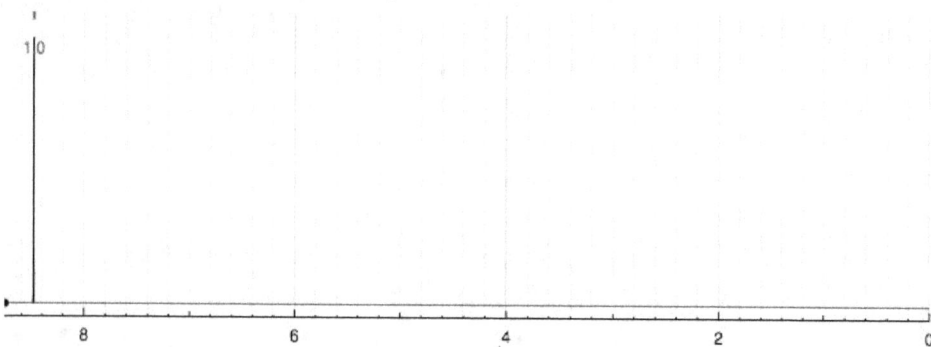

^{13}C NMR: δ (ppm) 161.7

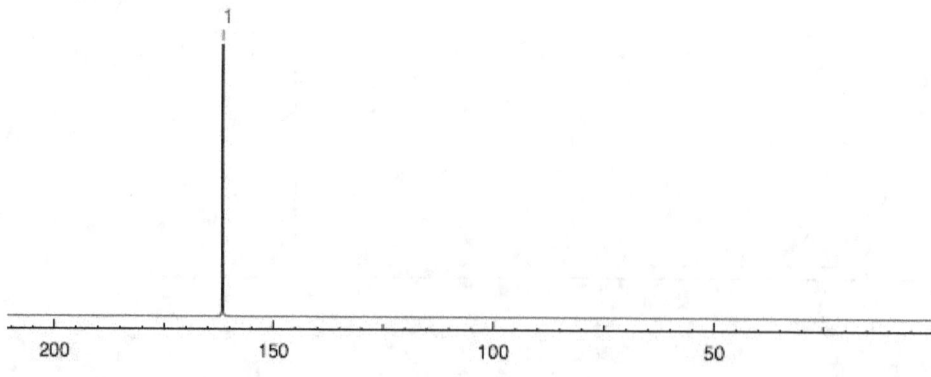

FORMIC ACID

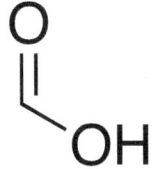

CAS 64-18-6

CH$_2$O$_2$	
46.025 g mol^{-1}	100.8 °C / 213.4 °F
1.220 g cm^{-3}	- WATER MISCIBLE
8.4 °C / 47.12 °F	pKa 3.77

^{1}H NMR: δ 8.12 (1H, s)

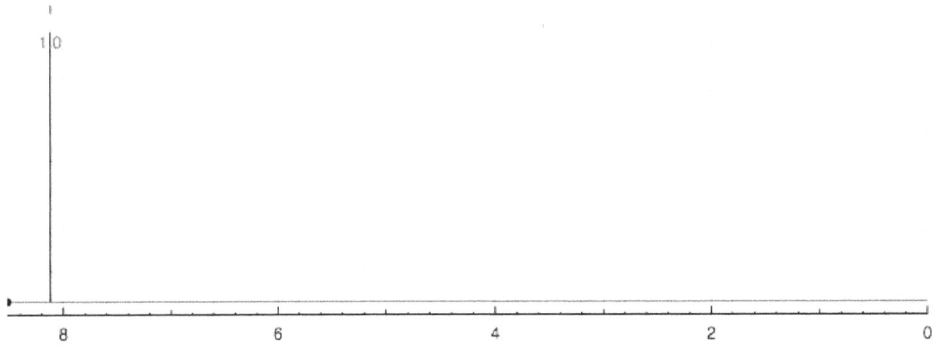

^{13}C NMR: δ (ppm) 186.4

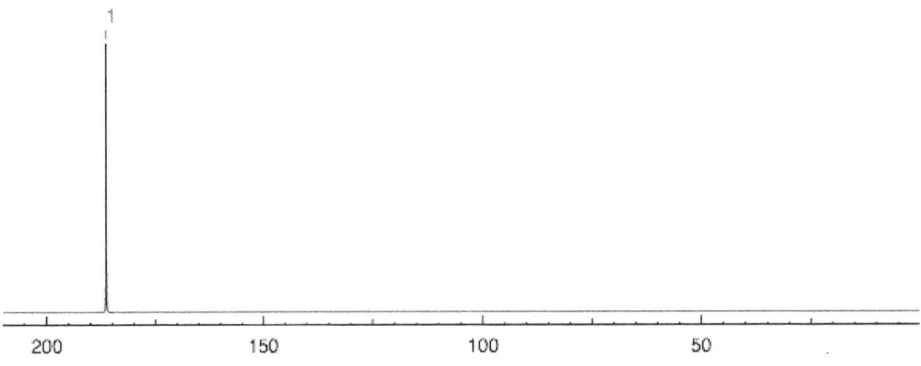

(mono)GLYME

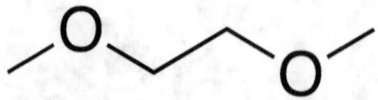

CAS 110-71-4

C$_4$H$_{10}$O$_2$	
90.122 g mol^{-1}	85 °C / 185 °F
0.868 g cm^{-3}	- WATER MISCIBLE
-58 °C / -72.4 °F	pKa high

^{1}H NMR: δ 3.22 (6H, s), 3.63 (4H, t)

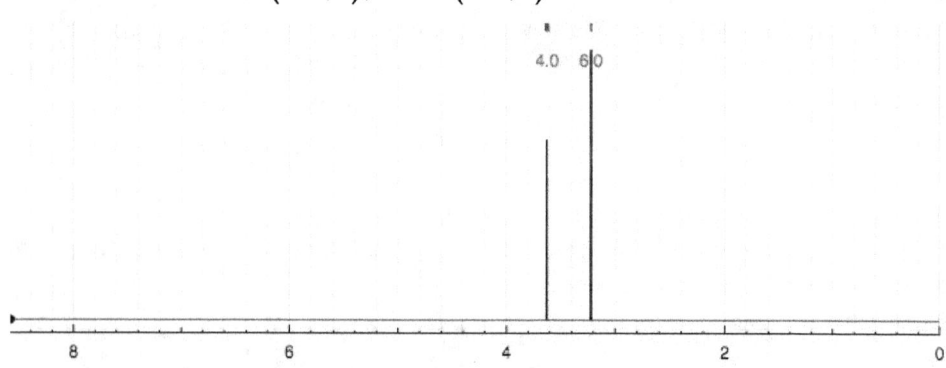

^{13}C NMR: δ (ppm) 58.6, 58.6, 79.6, 79.6

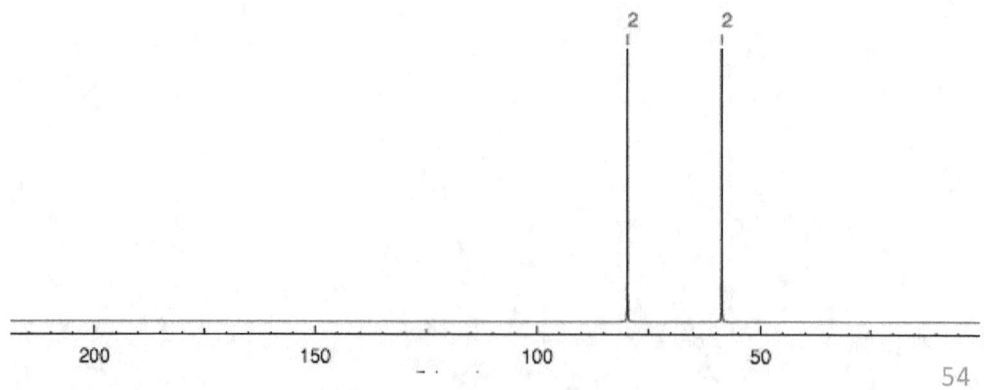

GLYCEROL

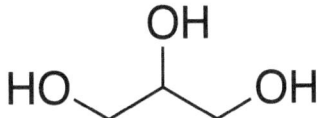

CAS 56-81-5

$C_3H_8O_3$	
92.094 g mol^{-1}	290 °C / 554 °F
1.261 g cm^{-3}	-	WATER MISCIBLE
17.8 °C / 64.04 °F	pKa ~15

^{1}H NMR: δ 3.49 (4H, d), 3.96 (1H, m)

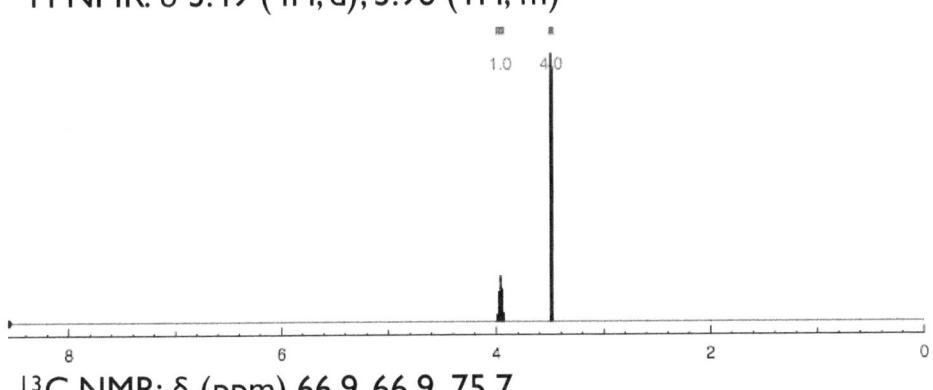

^{13}C NMR: δ (ppm) 66.9, 66.9, 75.7

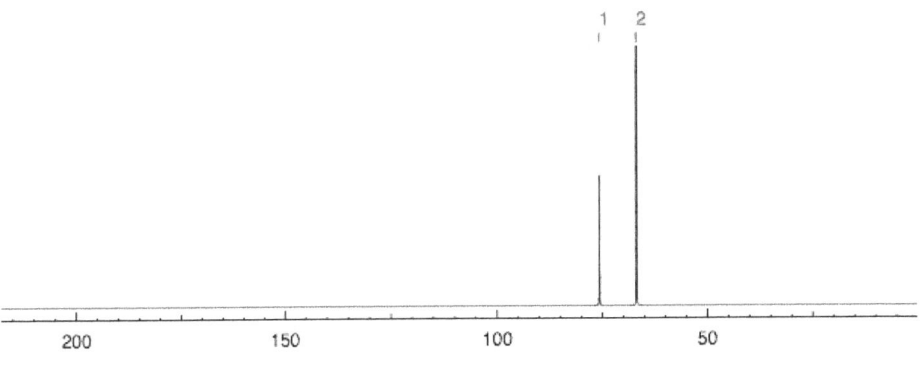

HEPTANE

CAS 142-82-5

C$_7$H$_{16}$	
100.205 g mol^{-1}	98.4 °C / 209.12 °F
0.6795 g cm^{-3}	0.1 *P*
-90.5 °C / -130.9 °F	pKa high

^{1}H NMR: δ 0.86 (6H, t), 1.20 - 1.31 (10H, m)

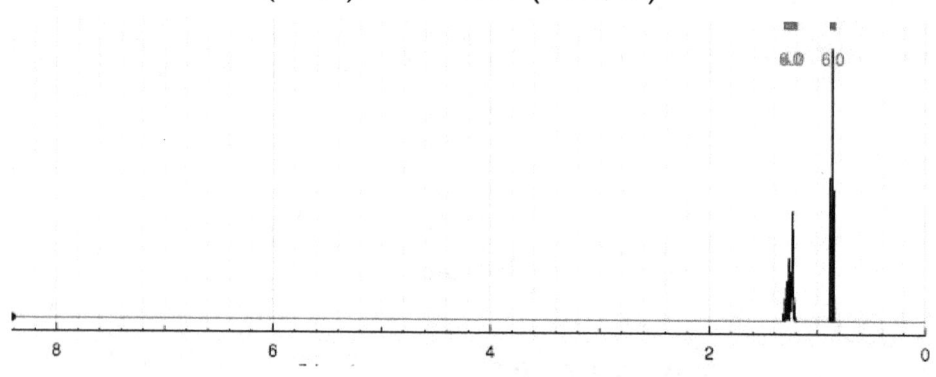

^{13}C NMR: δ (ppm) 14.0, 14.0, 22.6, 22.6, 29.5, 32.4, 32.4

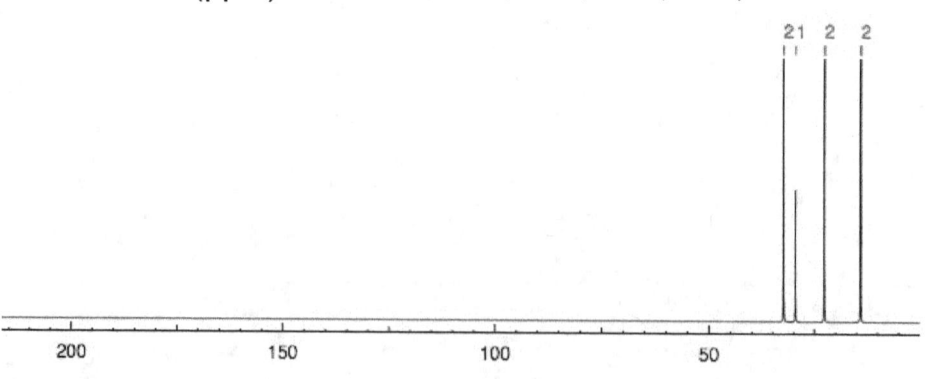

HEXAMETHYLPHOSPHORAMIDE

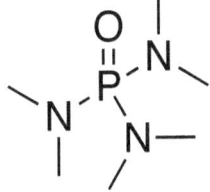

CAS 680-31-9

$C_6H_{18}N_3OP$	
179.20 g mol⁻¹	232.5 °C / 450.5 °F
1.03 g cm⁻³	- WATER MISCIBLE
7.2 °C / 44.96 °F	pKa high

¹H NMR: δ 2.63 (6H, s), 8.40 (1H, s)

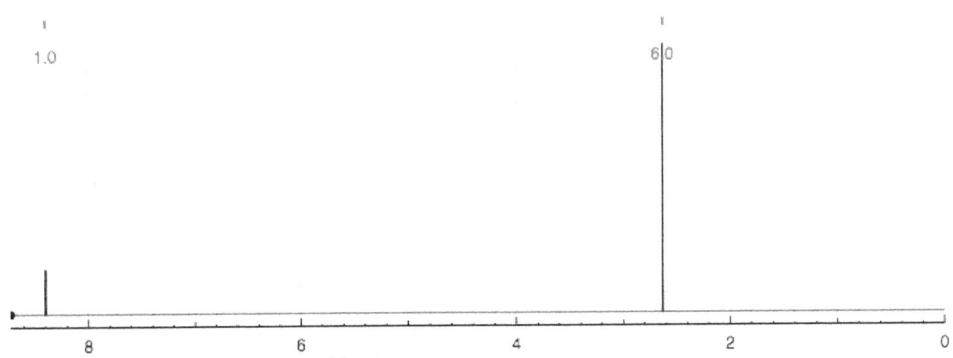

¹³C NMR: δ (ppm) 33.8, 33.8, 162.5

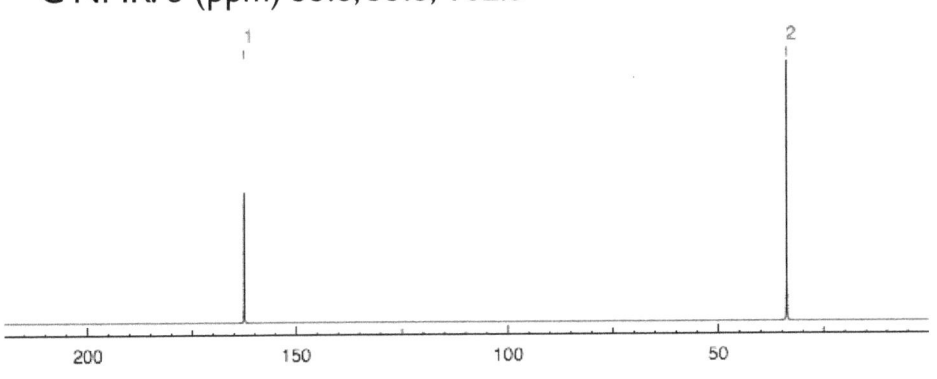

HEXANE

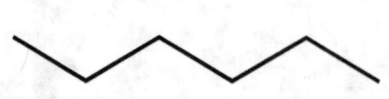

CAS 110-54-93

C_6H_{14}	
86.178 g mol^{-1}	68.7 °C / 155.66 °F
0.6606 g cm^{-3}	0.1 P
-95 °C / -139 °F	pKa high

^{1}H NMR: δ 0.86 (6H, t), 1.19-1.31 (8H, m)

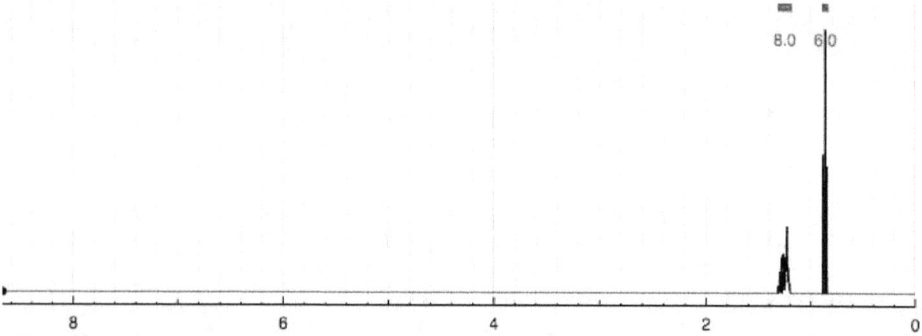

^{13}C NMR: δ (ppm) 14.0, 14.0, 22.7, 22.7, 31.7, 31.7

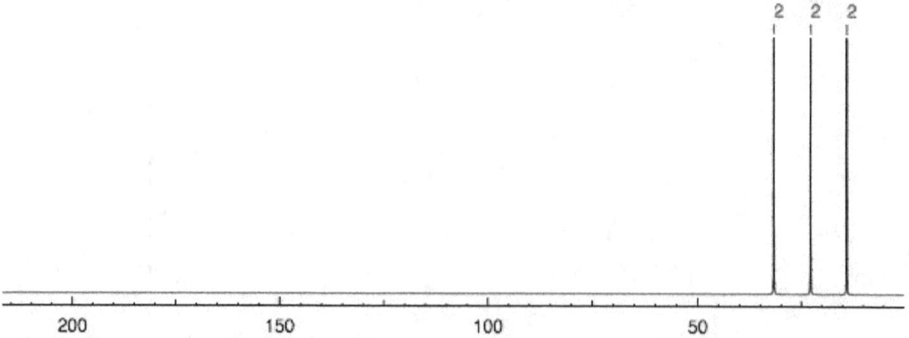

ISOAMYL ACETATE

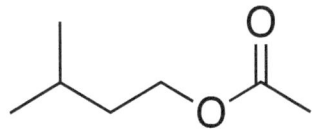

CAS 123-92-2

$C_7H_{14}O_2$	
130.187 g mol^{-1}	142 °C / 287.6 °F
0.786 g cm^{-3}	-
-78 °C / -108.4 °F	pKa ~25

^{1}H NMR: δ 0.89 (6H, d), 1.47-1.61 (3H, m), 2.04 (3H, s), 4.34 (2H, t)

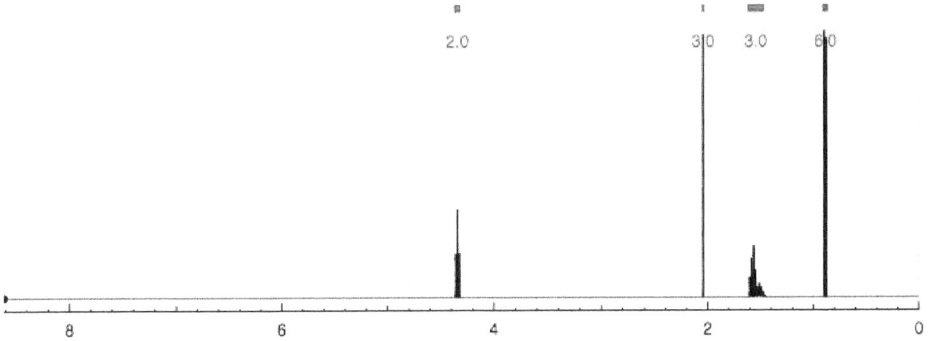

^{13}C NMR: δ (ppm) 20.8, 22.5, 22.5, 25.2, 37.7, 67.4, 171.0

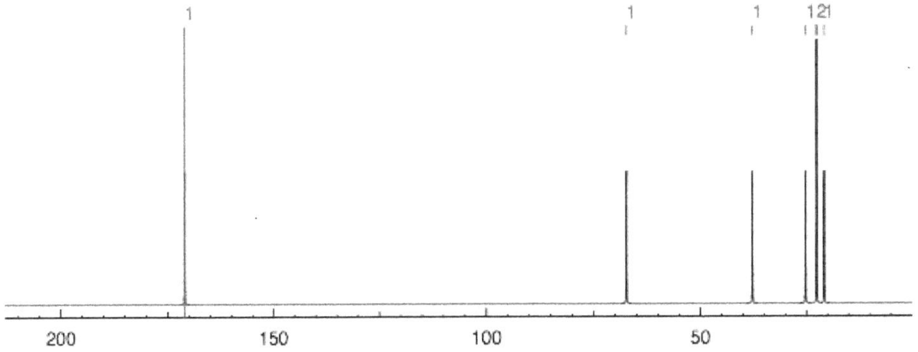

ISOBUTANOL

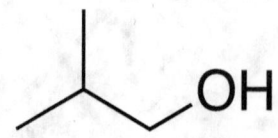

CAS 78-83-1

$C_4H_{10}O$	
74.122 g mol⁻¹	107.9 °C / 226.22 °F
0.802 g cm⁻³	~4 P
-108 °C / -162.4 °F	pKa ~17

¹H NMR: δ 0.91 (6H, d), 1.77 (1H, m), 3.25 (2H, d)

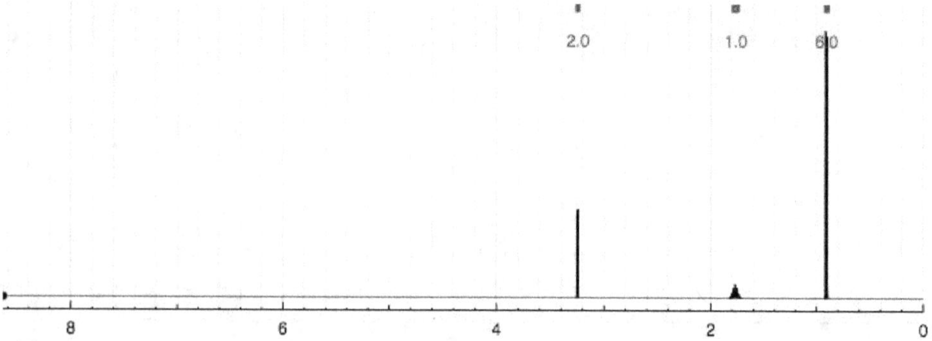

¹³C NMR: δ (ppm) 18.9, 18.9, 30.8, 68.9

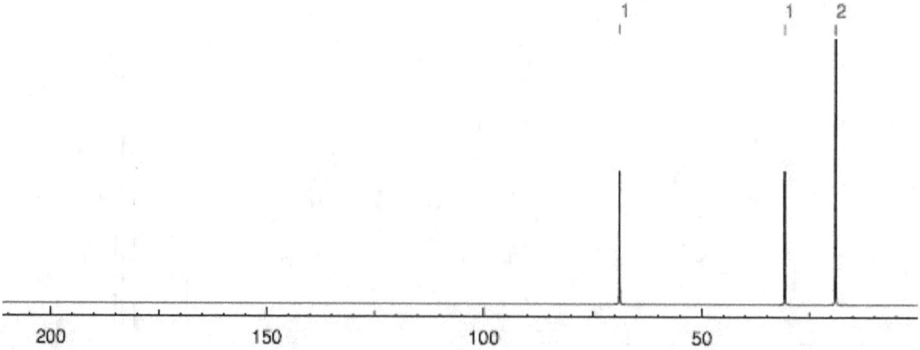

ISOBUTYL ACETATE

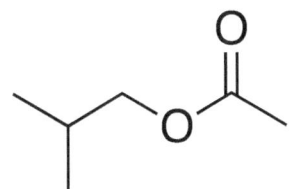

CAS 110-19-0

$C_6H_{12}O_2$	
116.16 g mol^{-1}	118 °C / 244.4 °F
0.875 g cm^{-3}	-
-99 °C / -146.2 °F	pKa ~25

^{1}H NMR: δ 0.92 (6H, d), 1.76 (1H, s), 2.04 (3H, s), 4.32 (2H, d)

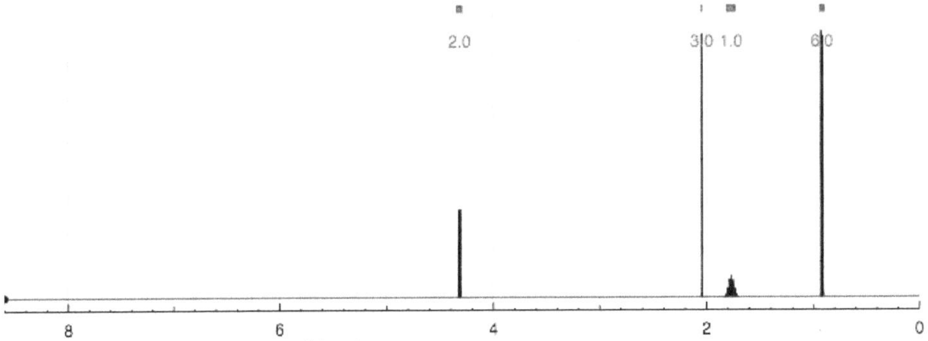

^{13}C NMR: δ (ppm) 19.1, 19.1, 20.8, 27.8, 70.7, 171.0

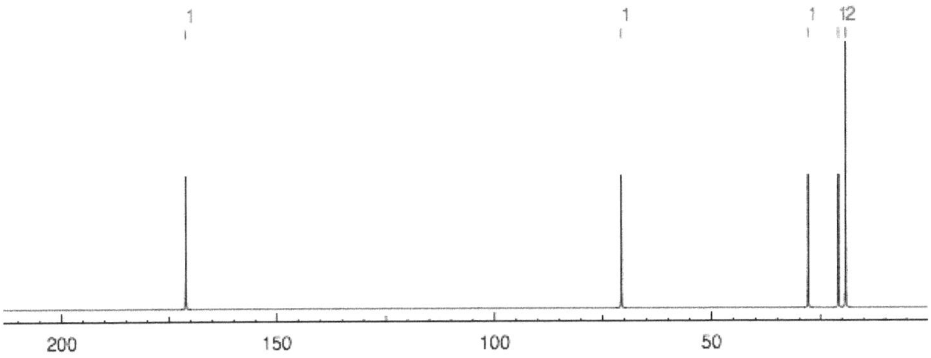

ISOOCTANE

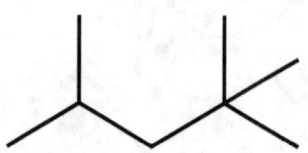 

CAS 540-84-1

C_8H_{18}	
114.23 g mol^{-1}	99.3 °C / 210.74 °F
0.692 g cm^{-3}	-
-107.4 °C / -161.32 °F	pKa high

^{1}H NMR: δ 0.64 (2H, s), 0.80 (6H, d), 0.83 (9H, s), 1.44 (1H, m)

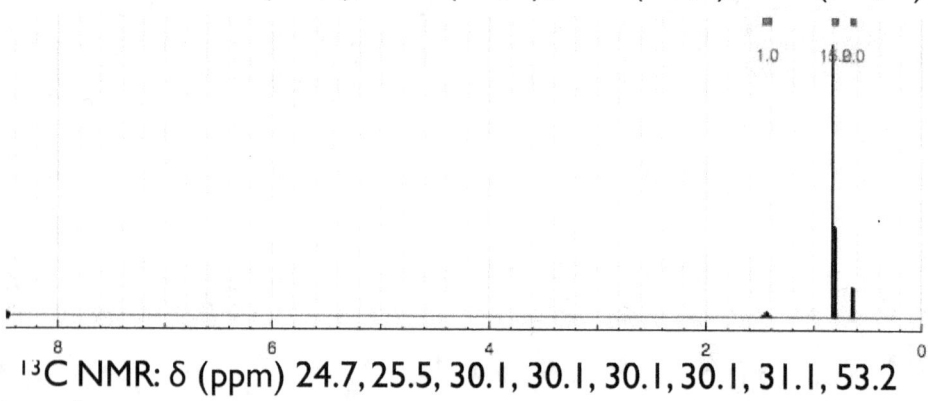

^{13}C NMR: δ (ppm) 24.7, 25.5, 30.1, 30.1, 30.1, 30.1, 31.1, 53.2

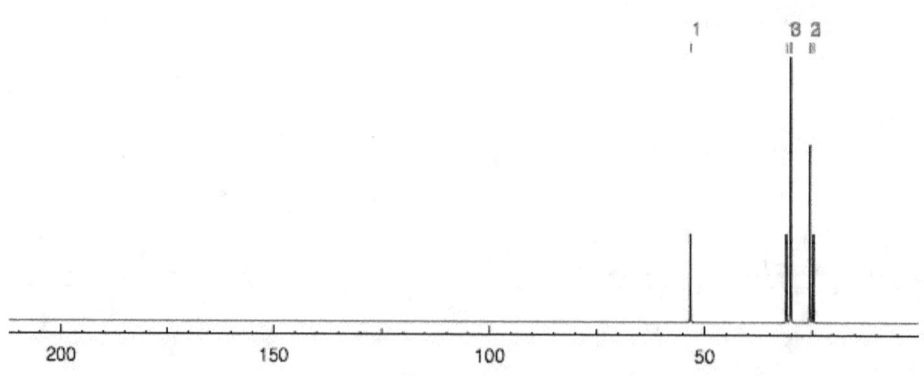

ISOPROPANOL

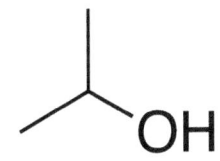

CAS 67-63-0

C_6H_{14}	
60.096 g mol^{-1}	82.6 °C / 180.68 °F
0.786 g cm^{-3}	3.9 P WATER MISCIBLE
-89 °C / -128.2 °F	pKa 16.5

^{1}H NMR: δ 1.17 (6H, d), 3.60 (1H, m)

^{13}C NMR: δ (ppm) 26.5, 26.5, 64.7

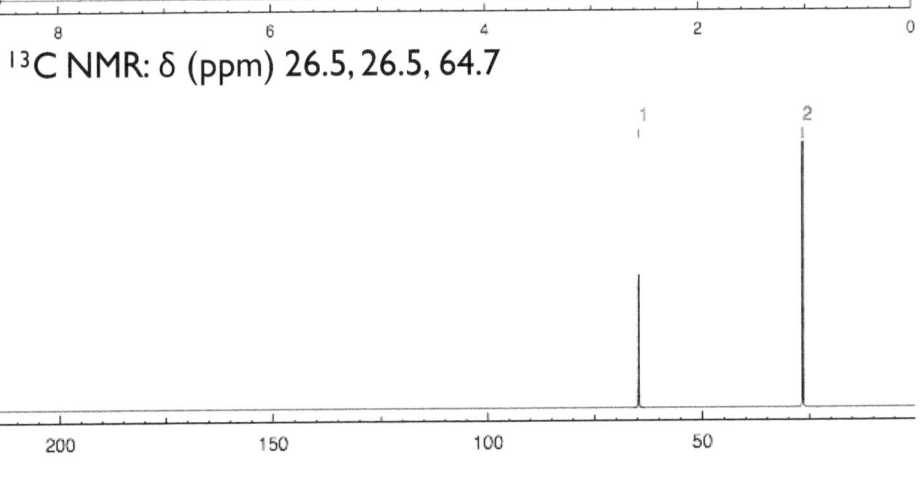

ISOPROPYL ACETATE

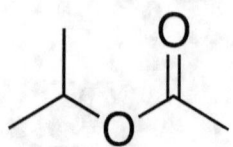

CAS 108-21-4

$C_5H_{10}O_2$	
102.133 g mol^{-1}	89 °C / 192.2 °F
0.87 g cm^{-3}	-
-73 °C / -99.4 °F	pKa ~25

^{1}H NMR: δ 1.44 (6H, d), 2.04 (3H, s), 4.88 (1H, m)

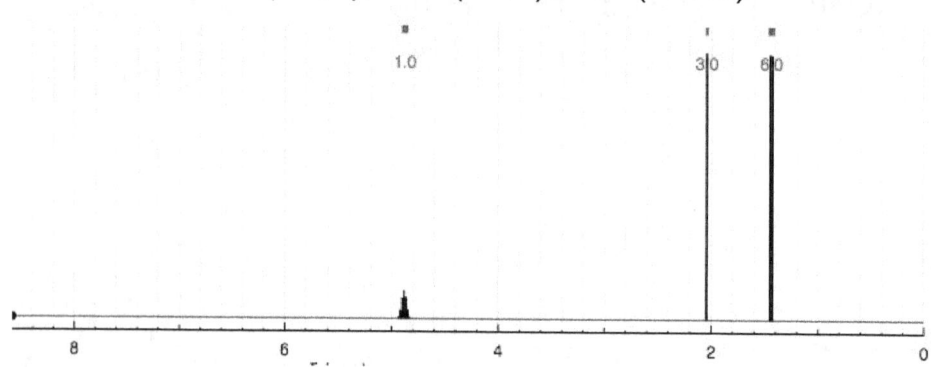

^{13}C NMR: δ (ppm) 21.4, 21.8, 21.8, 67.5, 170.4

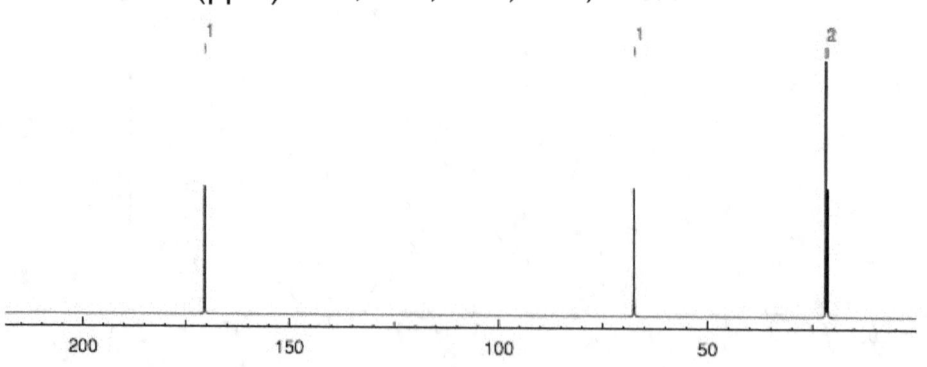

LIGROIN

90-140 C
PETROLEUM
FRACTION OF
ALIPHATIC
HYDROCARBONS

CAS 8032-32-4

~C_8H_{18}	
-	90 – 140 °C / 194 - 284 °F
-	-
-	pKa high

^{1}H NMR: δ SEE HEPTANE / ISOOCTANE FOR ROUGH ESTIMATES OF LIGROIN NMRs.

^{13}C NMR: δ (ppm) SEE HEPTANE / ISOOCTANE FOR ROUGH ESTIMATES OF LIGROIN NMRs

LIMONENE

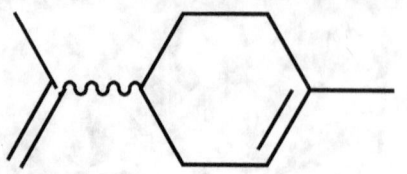

CAS 138-86-3

C$_{10}$H$_{16}$	
136.24 g mol^{-1}	176 °C / 348.8 °F
0.841 g cm^{-3}	-
-74.3 °C / -101.74 °F	pKa high

^{1}H NMR: δ 1.40-1.59 (7H, 1.50 (3H, s), 1.52 (1H, m), 1.56 (3H, m)), 1.68 (1H, m), 1.80 (1H, m), 2.00-2.35 (4H, m), 4.95 (2H, d), 5.21 (1H, d).

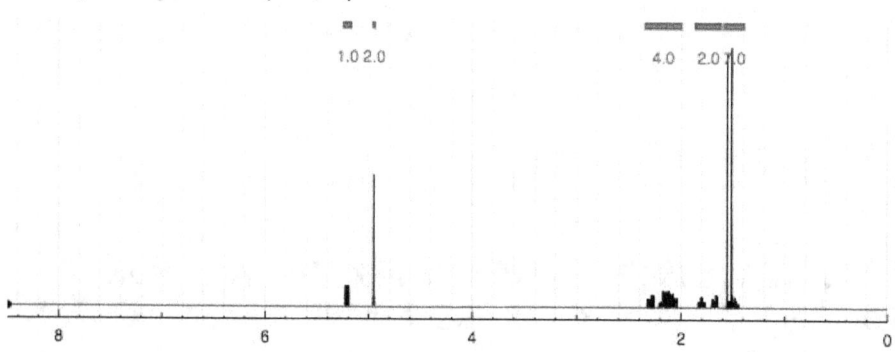

^{13}C NMR: δ (ppm) 20.6, 23.3, 28.0, 30.6, 30.9, 41.2, 110.0, 120.8, 133.5, 149.3

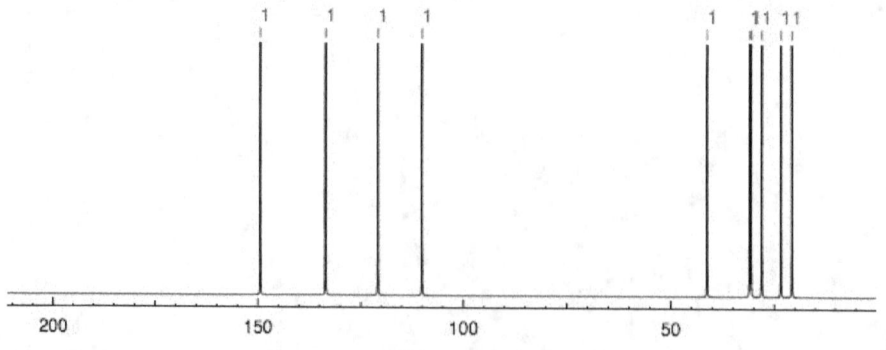

METHANOL

CH₃OH

CAS 67-56-1

CH₄O	
32.04 g mol⁻¹	64.7 °C / 148.46 °F
0.792 g cm⁻³	5.1 P WATER MISCIBLE
-97.6 °C / -143.68 °F	pKa 15.5

¹H NMR: δ 3.08 (3H, s)

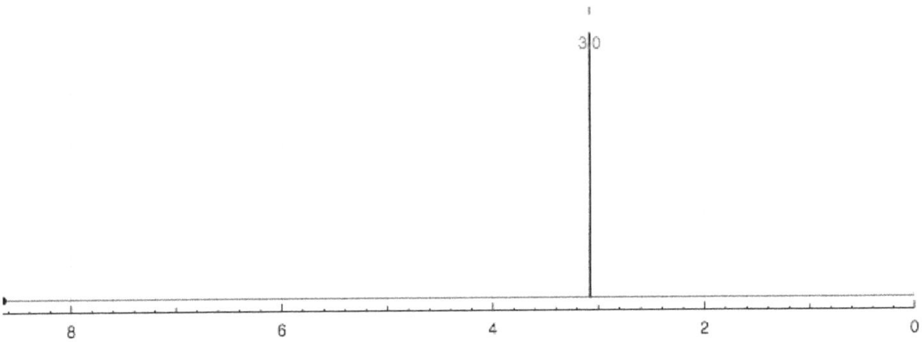

¹³C NMR: δ (ppm) 50.1

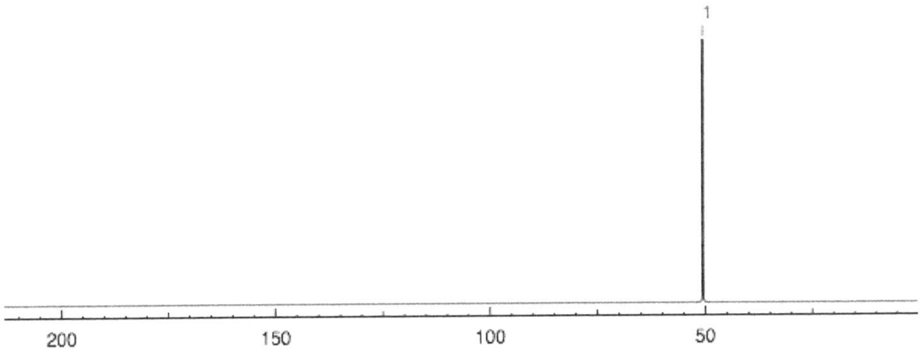

2-METHOXYETHANOL

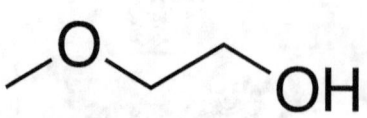

CAS 109-86-4

$C_3H_8O_2$	
76.09 g mol^{-1}	124 °C / 255.2 °F
0.965 g cm^{-3}	5.5 *P* WATER MISCIBLE
-85 °C / -121 °F	pKa ~15

^{1}H NMR: δ 3.22 (3H, s), 3.53 (2H, t), 3.57 (2H, t)

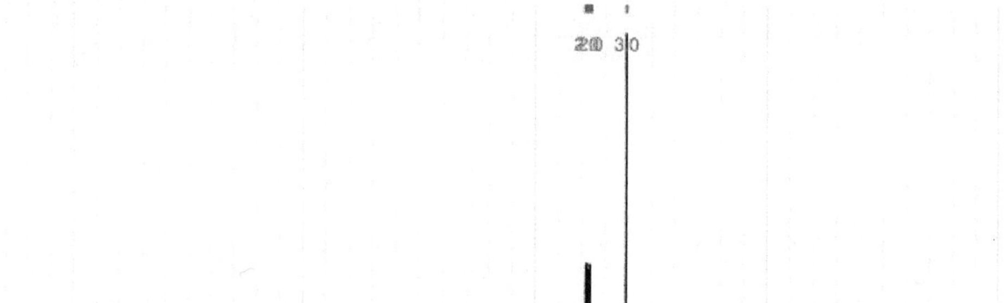

^{13}C NMR: δ (ppm) 58.6, 61.5, 74.2

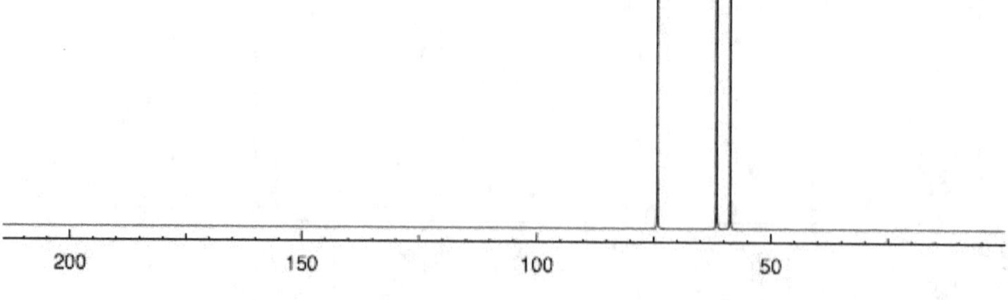

METHYL ACETATE

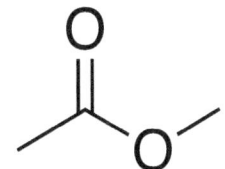

CAS 79-20-9

$C_3H_6O_2$	
74.08 g mol^{-1}	56.9 °C / 134.42 °F
0.932 g cm^{-3}	~4.5 P
-98 °C / -144.4 °F	pKa ~25

^{1}H NMR: δ 2.03 (3H, s), 3.69 (3H, s)

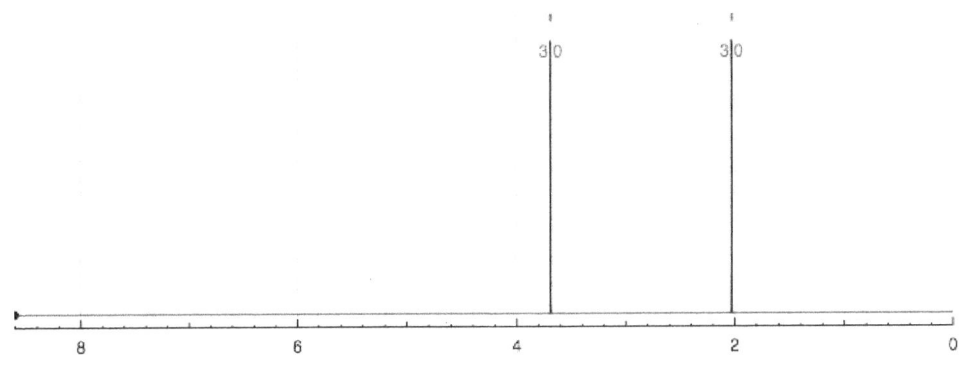

^{13}C NMR: δ (ppm) 20.6, 51.5, 171.3

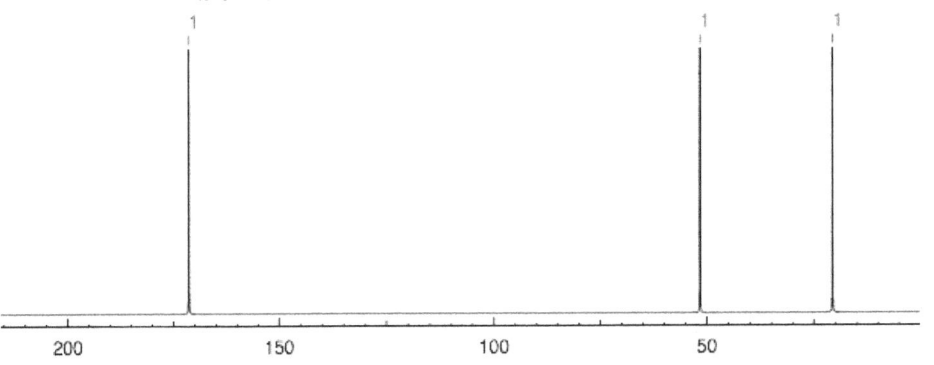

METHYL ETHYL KETONE

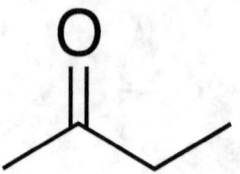

CAS 79-20-9

C_4H_8O	
72.11 g mol^{-1}	79.64 °C / 175.35 °F
0.805 g cm^{-3}	4.7 P
-86 °C / -122.8 °F	pKa 14.7

^{1}H NMR: δ 1.00 (3H, t), 2.12 (3H, s), 2.43 (2H, q)

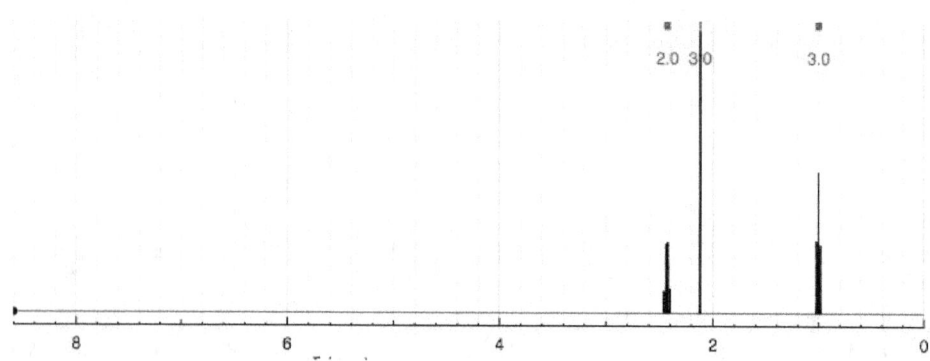

^{13}C NMR: δ (ppm) 7.0, 27.5, 35.2, 206.3

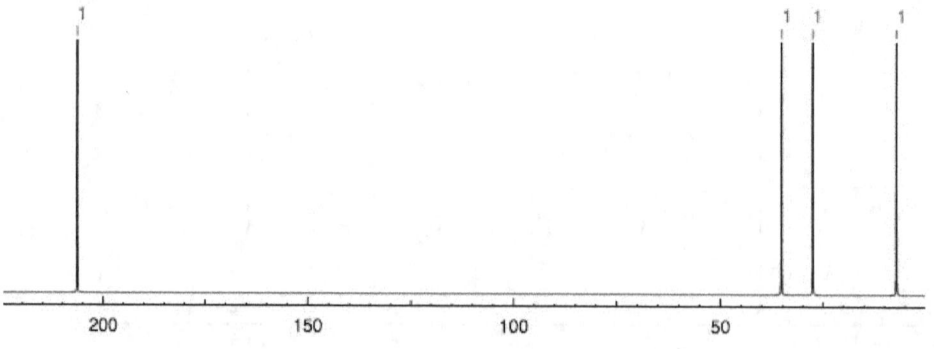

METHYL FORMATE

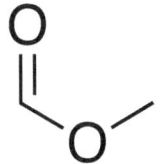

CAS 107-31-3

C₂H₄O₂	
60.05 g mol⁻¹	32 °C / 89.6 °F
0.98 g cm⁻³	~5 P　　WATER MISCIBLE
-100 °C / -148 °F	pKa high

¹H NMR: δ 3.69 (3H, s), 9.42 (1H, s)

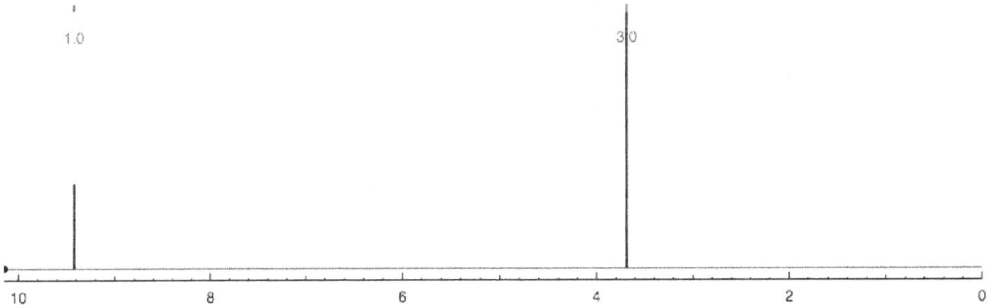

¹³C NMR: δ (ppm) 49.1, 160.9

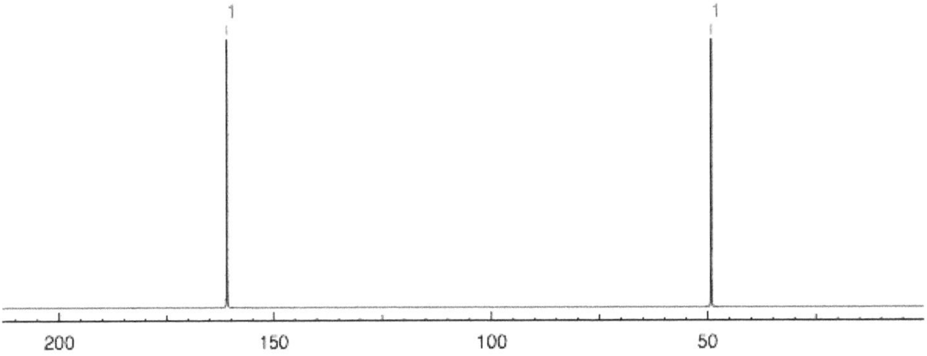

METHYL ISOBUTYL KETONE

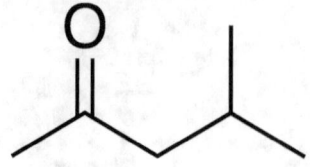

CAS 108-10-1

$C_6H_{12}O$	
100.16 g mol⁻¹	117 °C / 242.6 °F
0.802 g cm⁻³	4.2 P
-84.7 °C / -120.46 °F	pKa ~15

¹H NMR: δ 1.00 (3H, t), 2.12 (3H, s), 2.43 (2H, q)

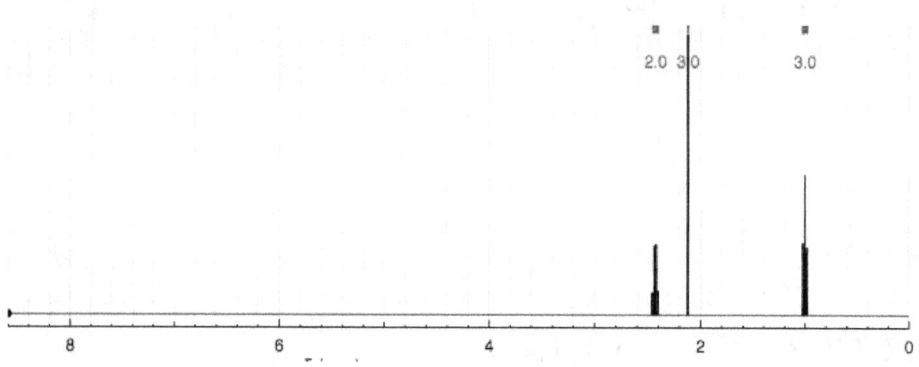

¹³C NMR: δ (ppm) 7.0, 27.5, 35.2, 206.3

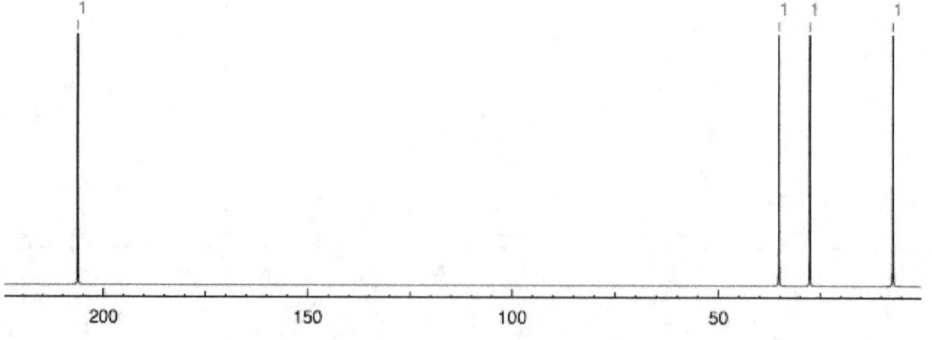

METHYL PROPYL KETONE

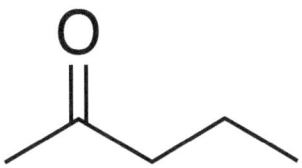

CAS 107-87-9

$C_5H_{10}O$	
86.13 g mol^{-1}	102 °C / 215.6 °F
0.809 g cm^{-3}	~4.5 P
-78 °C / -108.4 °F	pKa ~15

^{1}H NMR: δ 1.00 (3H, t), 2.12 (3H, s), 2.43 (2H, q)

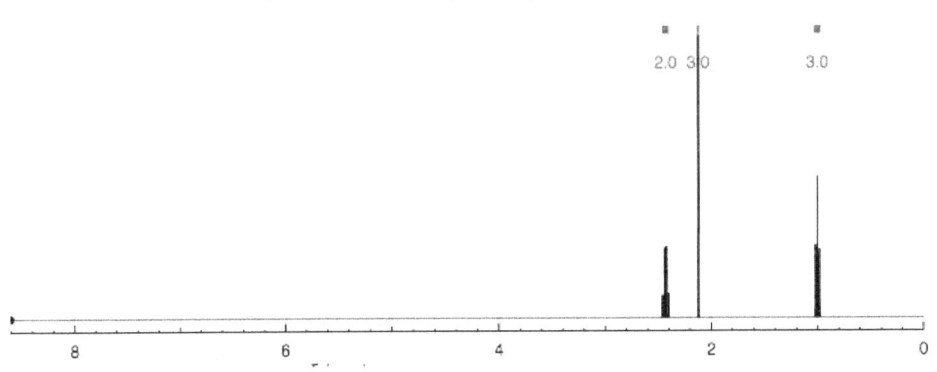

^{13}C NMR: δ (ppm) 7.0, 27.5, 35.2, 206.3

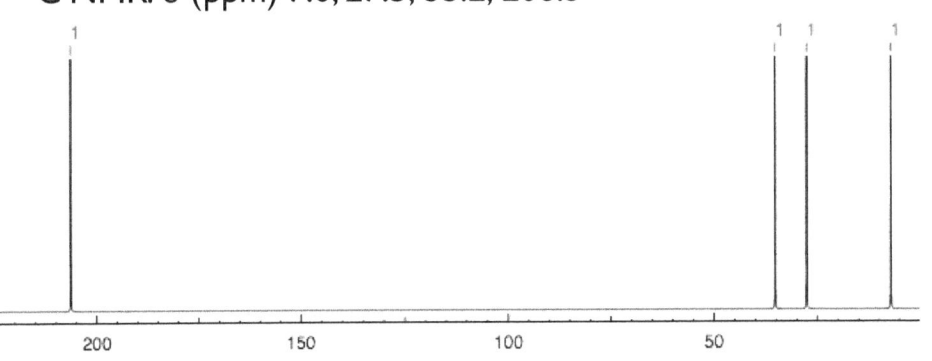

N-METHYL PYRROLIDONE

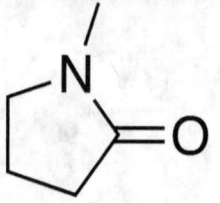

CAS 872-50-4

C₅H₉NO	
99.13 g mol⁻¹	203 °C / 397.4 °F
1.028 g cm⁻³	6.7 P WATER MISCIBLE
-24 °C / -11.2 °F	pKa ~25

¹H NMR: δ 2.06 (2H, m), 2.39 (2H, m), 2.98 (3H, s), 3.36 (2H, m)

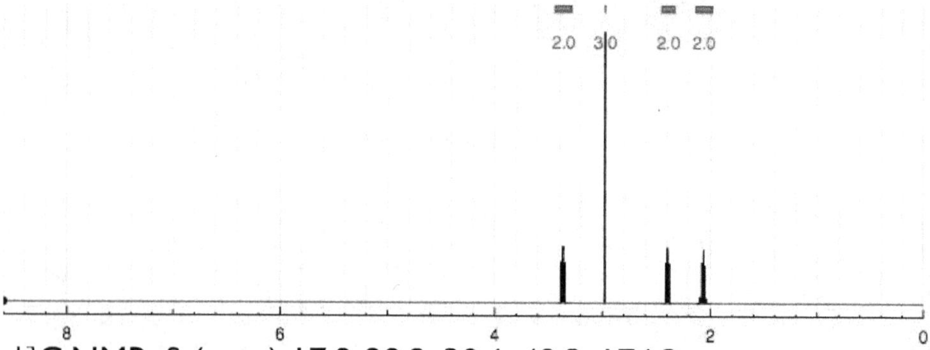

¹³C NMR: δ (ppm) 17.9, 29.2, 30.6, 49.3, 174.2

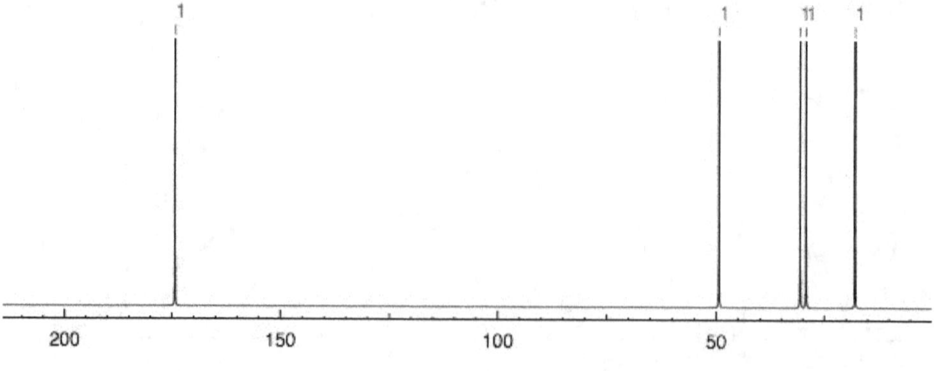

METHYL TERT-BUTYL ETHER

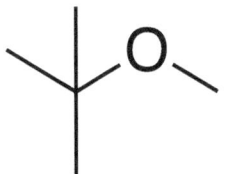

CAS 1634-04-4

C$_5$H$_{12}$O	
88.15 g mol^{-1}	55.2 °C / 131.36 °F
0.740 g cm^{-3}	-
-109 °C / -164.2 °F	pKa high

^{1}H NMR: δ 1.29 (9H, s), 3.23 (3H, s)

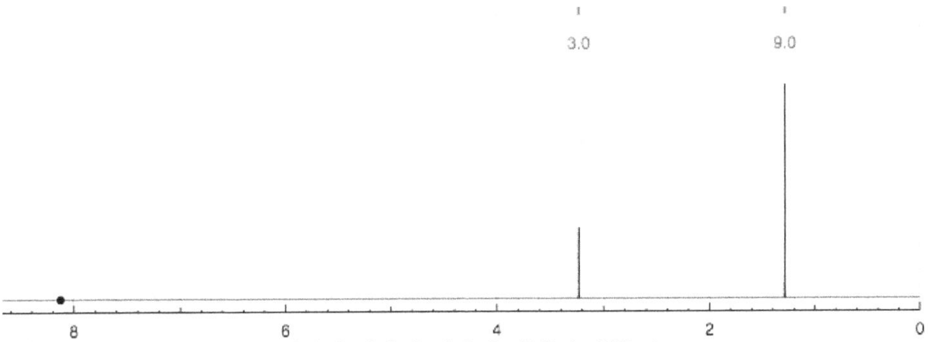

^{13}C NMR: δ (ppm) 28.2, 28.2, 28.2, 50.1, 73.6

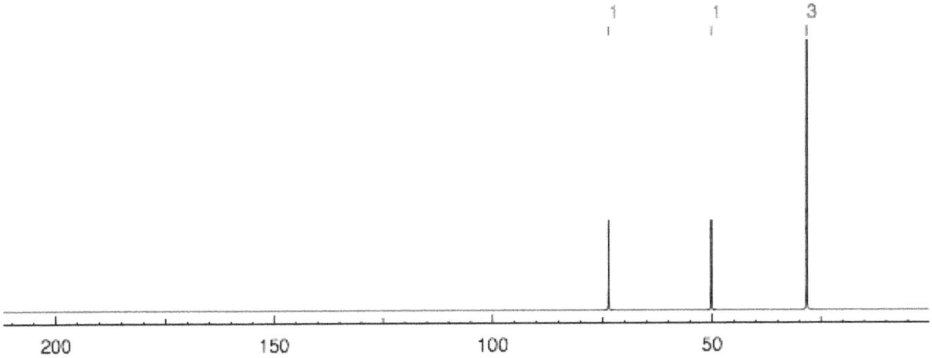

2-METHYL TETRAHYDROFURAN

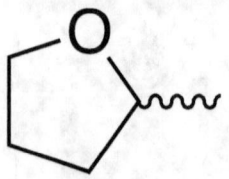

CAS 96-47-9

C₅H₁₀O	
86.13 g mol⁻¹	80.2 °C / 176.36 °F
0.854 g cm⁻³	-
-136 °C / -212.8 °F	pKa high

¹H NMR: δ 1.16 (3H, d), 1.73-1.97 (4H, m), 3.63-3.89 (3H, m)

¹³C NMR: δ (ppm) 21.0, 26.2, 33.4, 67.6, 75.2

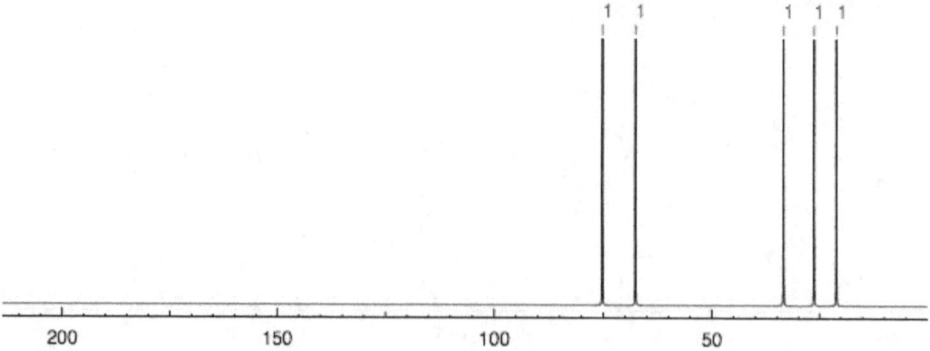

NITROMETHANE

CH_3NO_2

CAS 75-52-5

CH_3NO_2	
61.04 g mol^{-1}	101.2 °C / 214.16 °F
1.137 g cm^{-3}	~5 P
-28.7 °C / -19.66 °F	pKa 10.21

^{1}H NMR: δ 1.93 (3H, s)

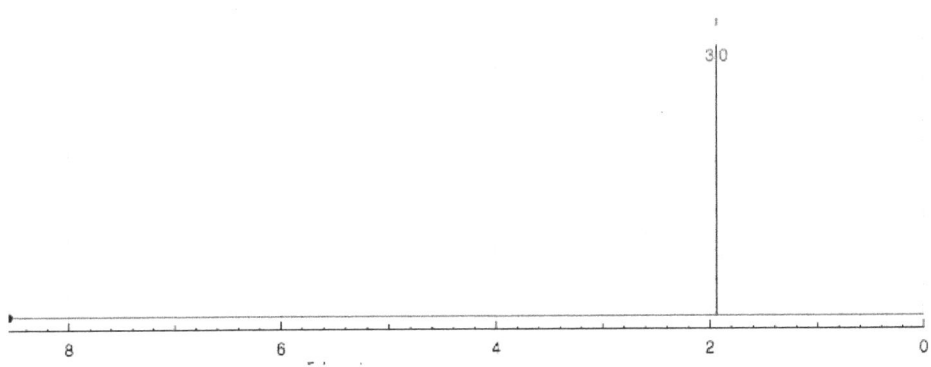

^{13}C NMR: δ (ppm) 37.3

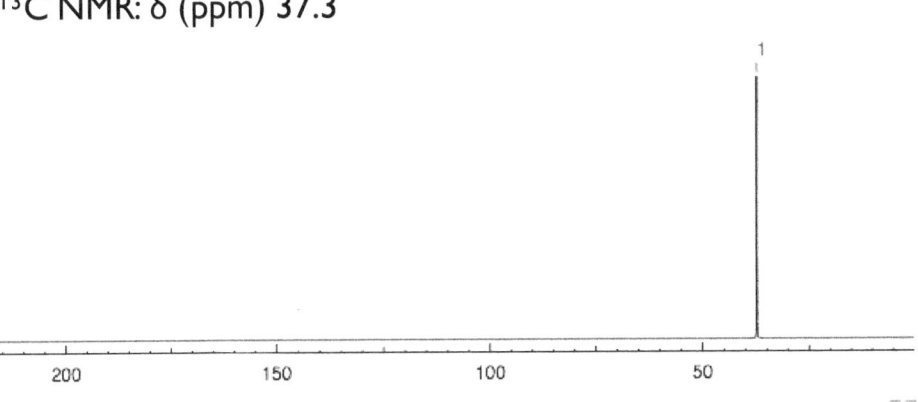

PENTANE

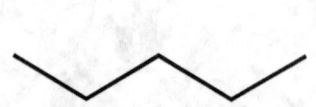

CAS 109-66-0

C_5H_{12}	
72.15 g mol^{-1}	36.1 °C / 96.98 °F
0.626 g cm^{-3}	0 P
-130.1 °C / -202.18 °F	pKa high

^{1}H NMR: δ 0.86 (6H, t), 1.19-1.29 (6H, m)

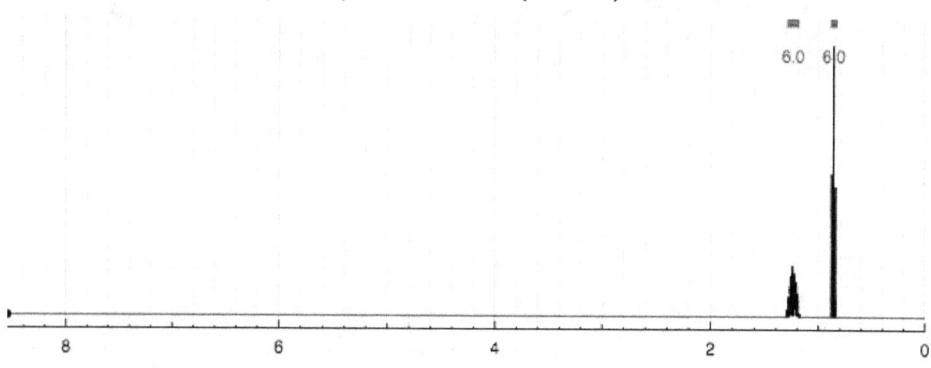

^{13}C NMR: δ (ppm) 13.4, 13.4, 20.7, 20.7, 27.4

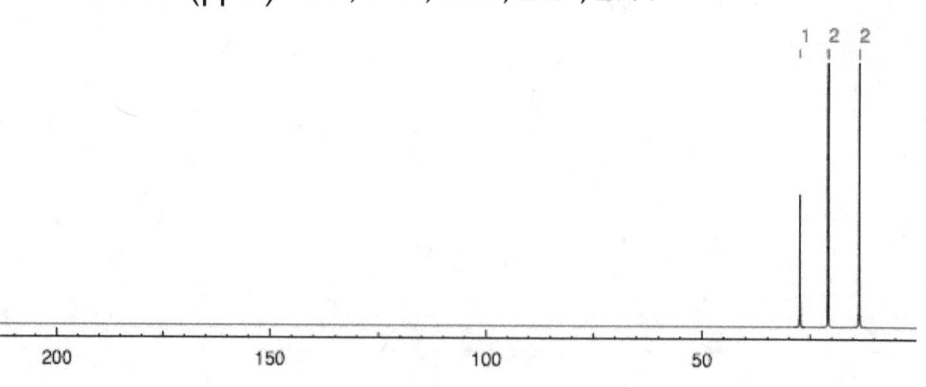

n-PENTANOL

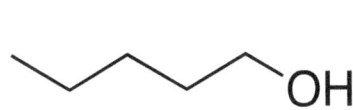

CAS 71-41-0

$C_5H_{12}O$	
88.15 g mol^{-1}	138 °C / 280.4 °F
0.811 g cm^{-3}	-
-78 °C / -108.4 °F	pKa ~15

^{1}H NMR: δ 0.86 (3H, t), 1.26 (2H, m), 1.35 (2H, m), 1.69 (2H, m), 3.33 (2H, t)

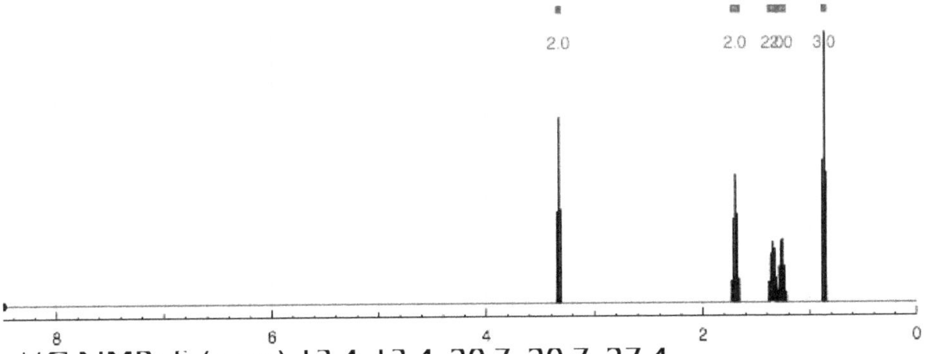

^{13}C NMR: δ (ppm) 13.4, 13.4, 20.7, 20.7, 27.4

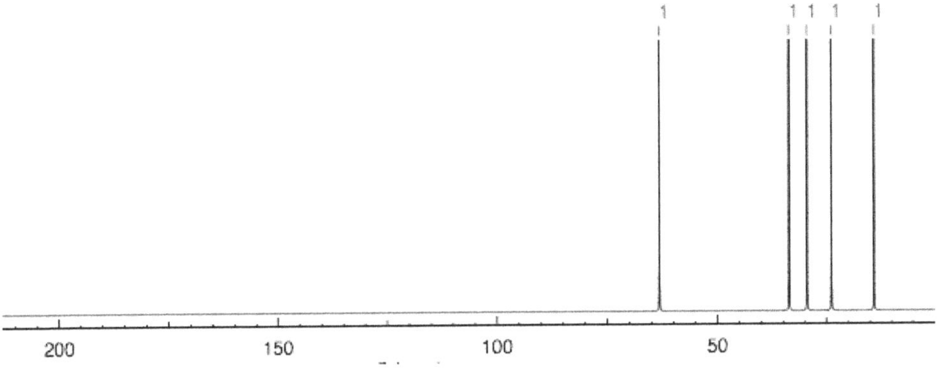

PETROLEUM ETHER

35-60 C
PETROLEUM
FRACTION OF
ALIPHATIC
HYDROCARBONS

CAS 8032-34-4

~ $C_{5.6}H_{14.8}$	
~ 82 g mol^{-1}	35 – 60 °C / 95 – 140 °F
~ 0.653 g cm^{-3}	-
< -73 °C / -99.4 °F	pKa high

^{1}H NMR: δ SEE PENTANE / HEXANE FOR ROUGH ESTIMATES OF PETROLEUM ETHER NMRS

^{13}C NMR: δ (ppm) SEE PENTANE / HEXANE FOR ROUGH ESTIMATES OF PETROLEUM ETHER NMRS

n-PROPANOL

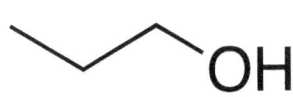

CAS 71-23-8

C_3H_8	
60.10 g mol^{-1}	98 °C / 208.4 °F
0.803 g cm^{-3}	4.0 P WATER MISCIBLE
-126 °C / -194.8 °F	pKa 16

^{1}H NMR: δ 0.92 (3H, t), 1.70 (2H, m), 3.29 (2H, t)

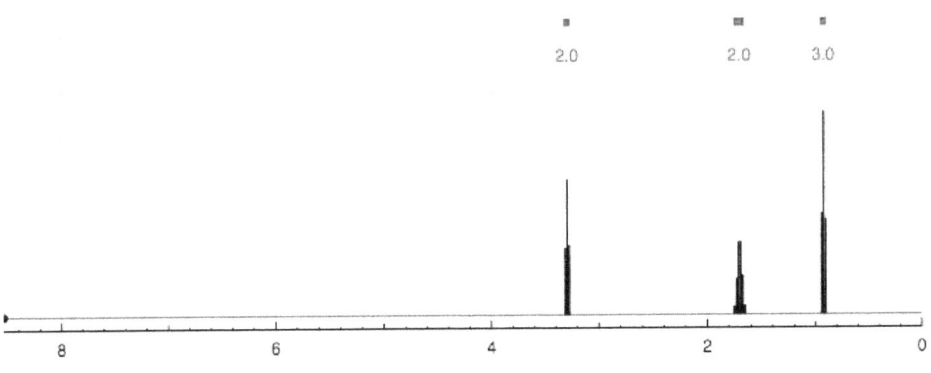

^{13}C NMR: δ (ppm) 10.0, 25.8, 66.4

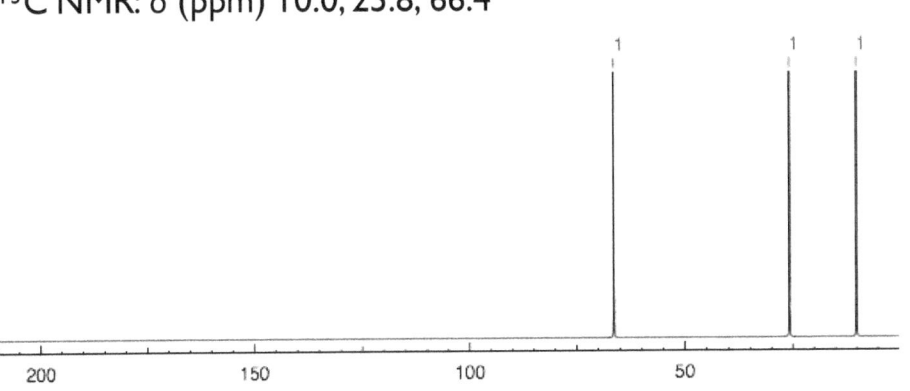

PROPYLENE CARBONATE

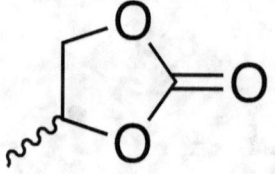

CAS 108-32-7

C₄H₆O₃	
102.09 g mol⁻¹	242 °C / 467.6 °F
1.205 g cm⁻³	6.1 P WATER MISCIBLE
-48.8 °C / -55.84 °F	pKa high

¹H NMR: δ 1.18 (3H, d), 4.57 (2H, d), 4.84 (1H, m)

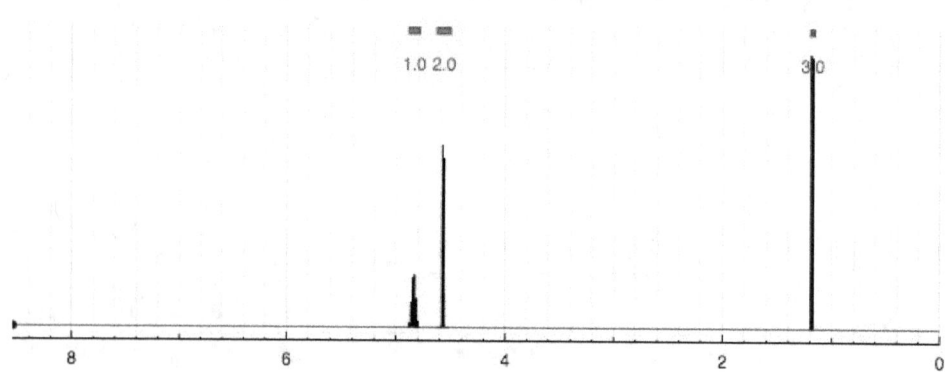

¹³C NMR: δ (ppm) 19.2, 70.9, 74.1, 155.4

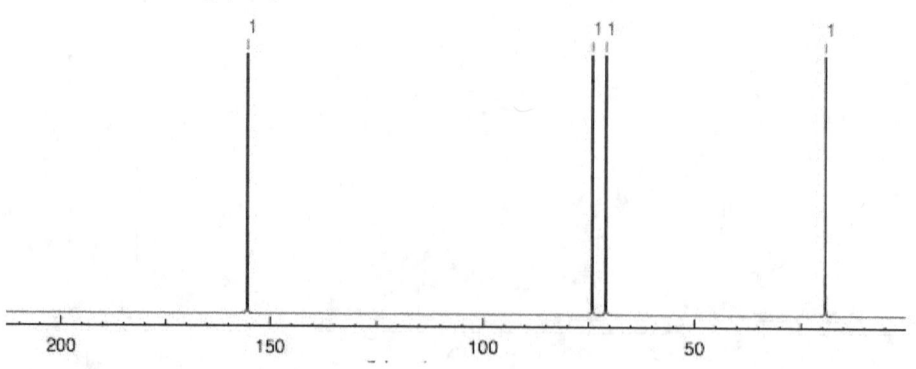

PROPYLENE GLYCOL

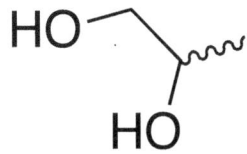

CAS 57-55-6

$C_3H_8O_2$	
76.10 g mol^{-1}	188.2 °C / 370.76 °F
1.036 g cm^{-3}	- WATER MISCIBLE
-59 °C / -74.2 °F	pKa ~15

^{1}H NMR: δ 0.87 (3H, t), 1.39 (2H, m), 1.67 (2H, m), 3.30 (2H, t)

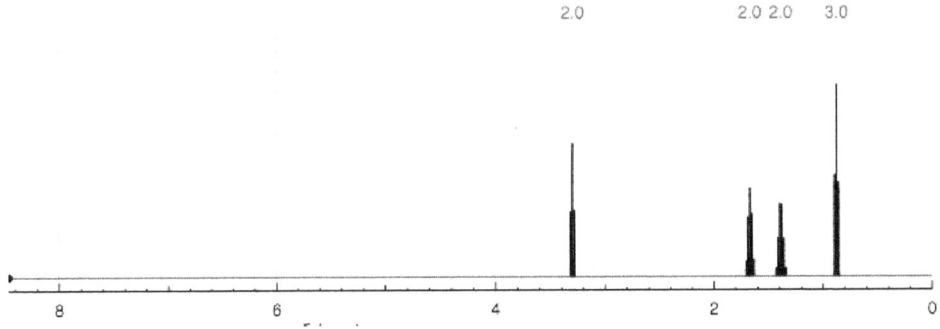

^{13}C NMR: δ (ppm) 16.7, 19.1, 35.0, 61.4

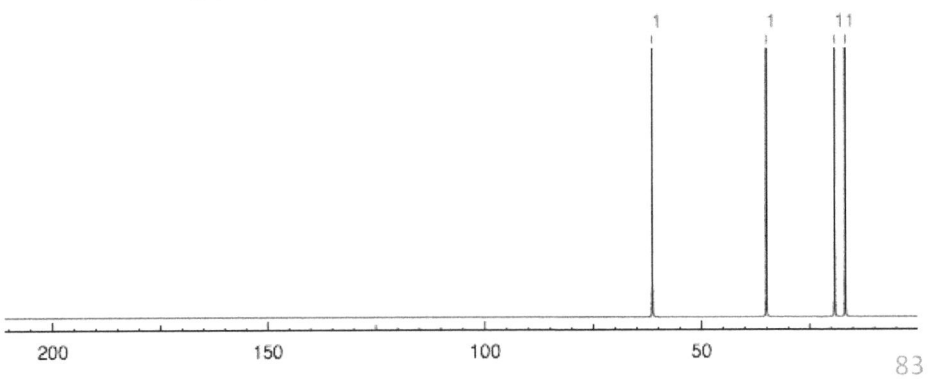

PROPYLENE GLYCOL METHYL ETHYL ACETATE

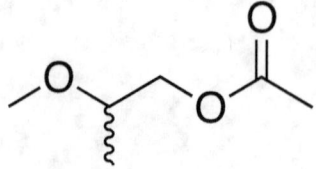

CAS 108-65-6

$C_6H_{12}O_3$	
132.159 g mol⁻¹	146 °C / 294.8 °F
-	-
-	pKa ~25

¹H NMR: δ 1.16 (3H, d), 2.04 (3H, s), 3.26 (3H, s), 3.66 (1H, m), 4.50-4.54 (2H, d)

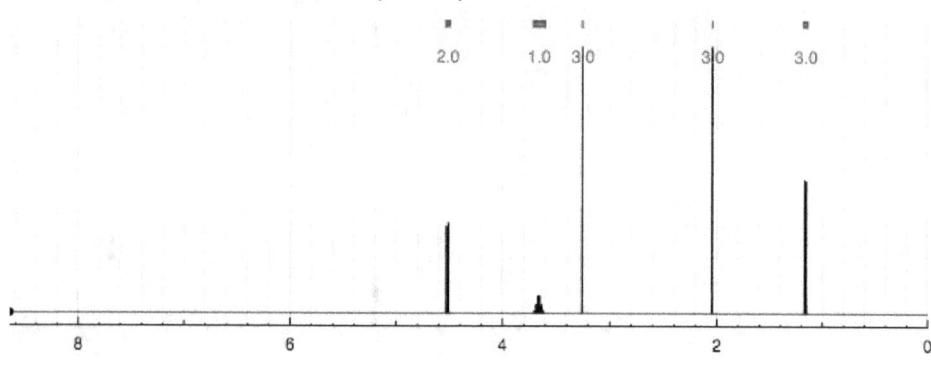

¹³C NMR: δ (ppm) 18.7, 20.8, 59.0, 66.7, 74.6, 170.6

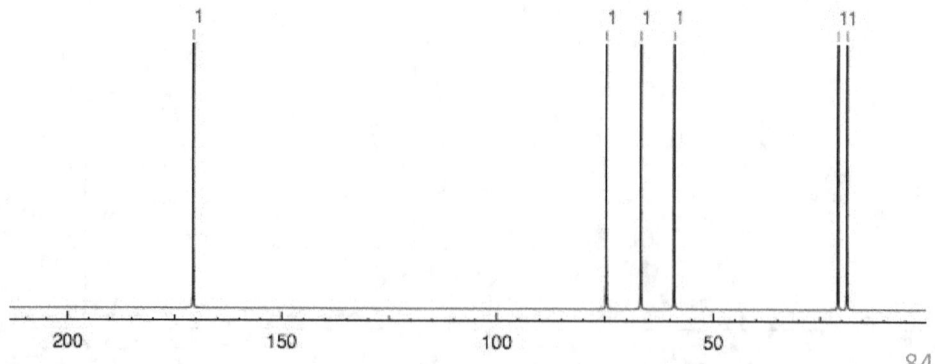

PYRIDINE

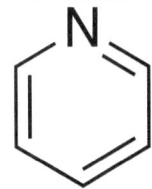

CAS 110-86-1

C₆H₅N	
79.10 g mol⁻¹	115.2 °C / 239.36 °F
0.982 g cm⁻³	5.3 P WATER MISCIBLE
-41.6 °C / -42.88 °F	pKa (NH+) ~5

¹H NMR: δ 7.12 (2H, m), 7.58 (2H, m), 8.48 (1H, m)

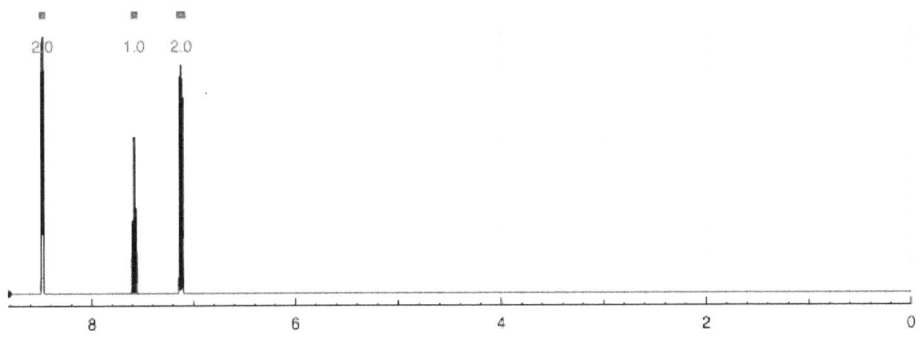

¹³C NMR: δ (ppm) 123.8, 123.8, 136.0, 149.9, 149.9

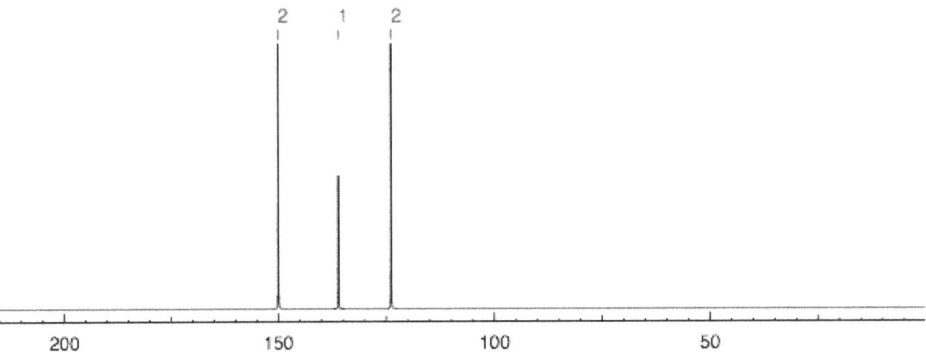

SEC-BUTANOL

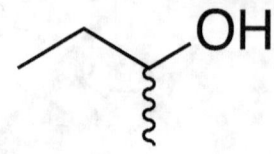 

CAS 78-92-2

C$_4$H$_{10}$O	
74.123 g mol^{-1}	99 °C / 210.2 °F
0.808 g cm^{-3}	-
-115 °C / -175 °F	pKa 17.6

^{1}H NMR: δ 0.93 (3H, t), 1.17 (3H, d), 1.61-1.69 (2H, m), 3.64 (1H, m)

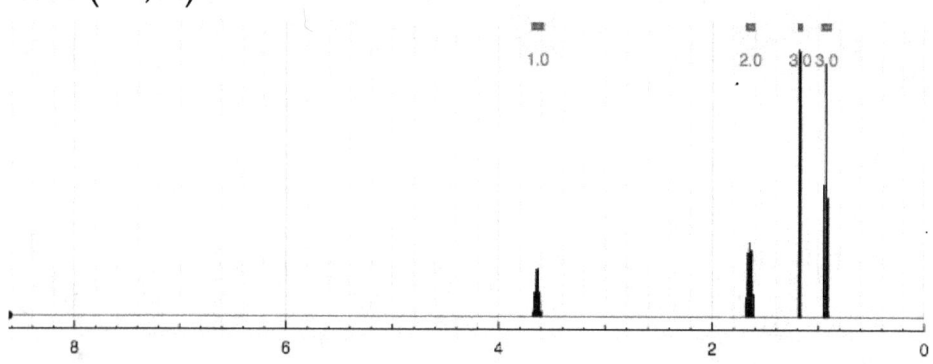

^{13}C NMR: δ (ppm) 9.9, 22.6, 32.0, 68.7

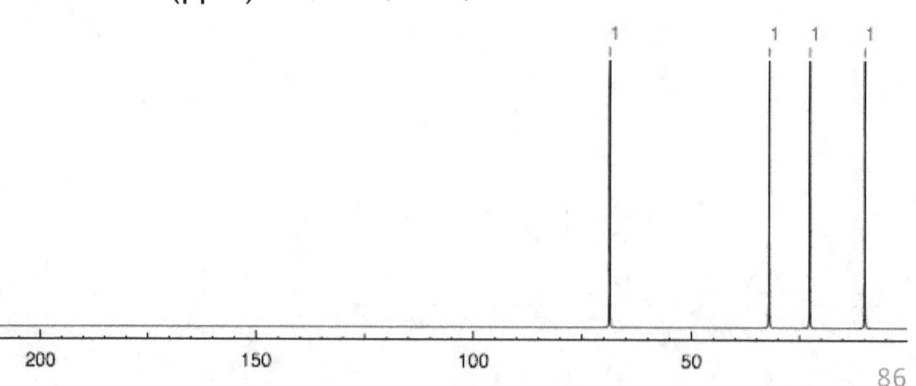

SEC-BUTYL ACETATE

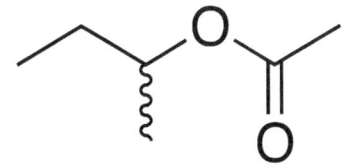

CAS 105-46-4

C$_6$H$_{12}$O$_2$	
116.16 g mol^{-1}	112 °C / 233.6 °F
0.87 g cm^{-3}	-
-99 °C / -146.2 °F	pKa ~25

^{1}H NMR: δ 0.92 (3H, t), 1.43 (3H, d), 1.65-1.73 (2H, d), 2.05 (3H, s), 4.82 (1H, m)

^{13}C NMR: δ (ppm) 12.3, 20.9, 21.0, 29.7, 71.8, 170.1

SULFOLANE

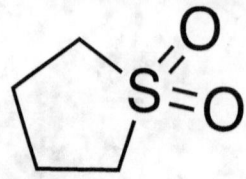

CAS 126-33-0

C$_4$H$_8$O$_2$S	
120.17 g mol^{-1}	285 °C / 545 °F
1.261 g cm^{-3} (At M.P.)	- WATER MISCIBLE
27.5 °C / 81.5 °F	pKa ~30

^{1}H NMR: δ 2.09 (4H, m), 3.17 (4H, m)

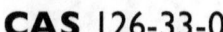

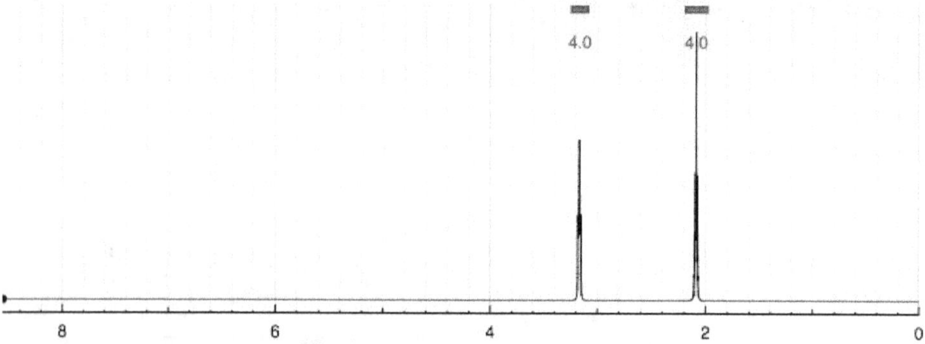

^{13}C NMR: δ (ppm) 22.7, 22.7, 51.1, 51.1

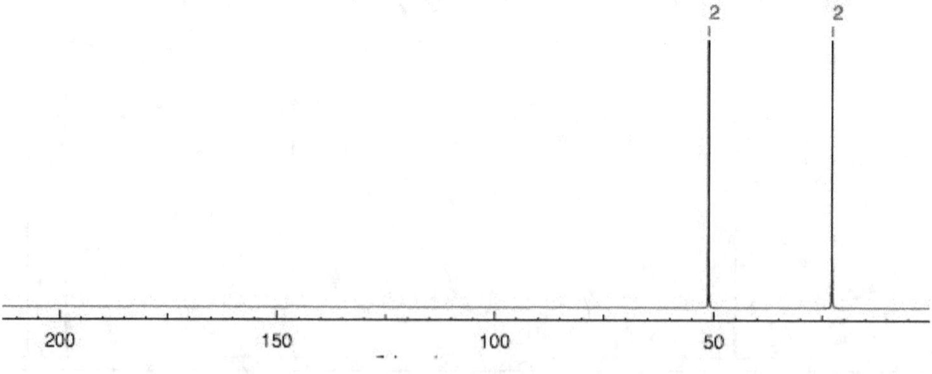

TERT-AMYL METHYL ETHER

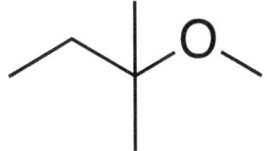

CAS 994-05-8

$C_6H_{14}O$	
102.18 g mol^{-1}	86.3 °C / 187.34 °F
0.77 g cm^{-3}	-
-80 °C / -112 °F	pKa high

^{1}H NMR: δ 0.94 (3H, t), 1.27 (6H, s), 1.44 (2H, q), 3.25 (3H, s)

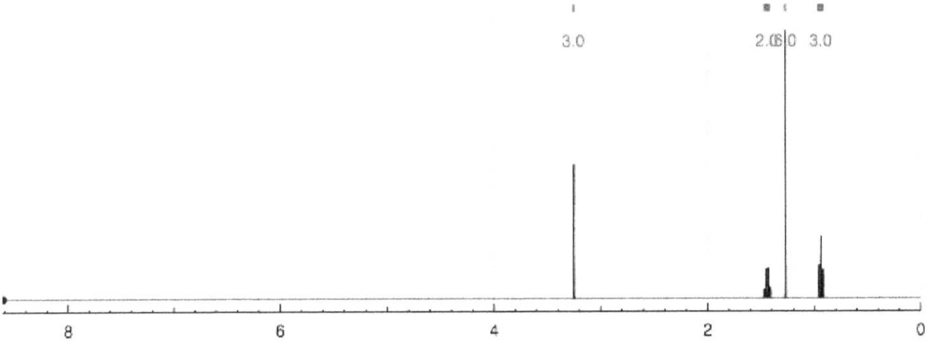

^{13}C NMR: δ (ppm) 8.2, 26.9, 26.9, 31.6, 51.6, 79.4

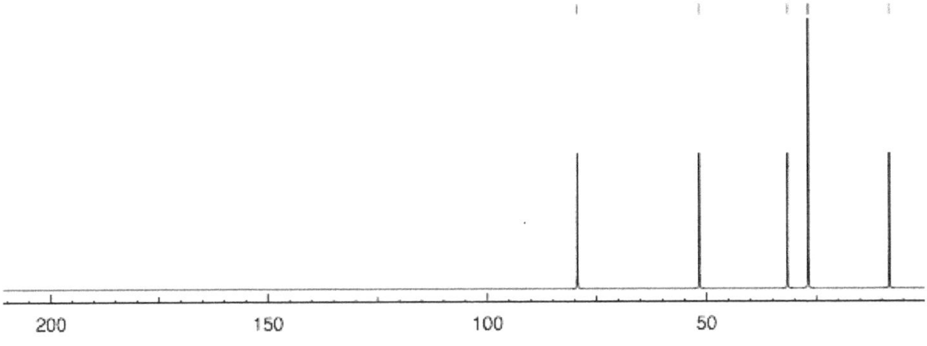

TERT-BUTANOL

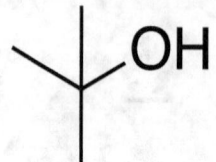 

CAS 75-65-0

$C_5H_{10}O$	
74.12 g mol^{-1}	82 °C / 179.6 °F
0.775 g cm^{-3}	- WATER MISCIBLE
25 °C / 77 °F	pKa 16.54

^{1}H NMR: δ 1.26 (9H, s)

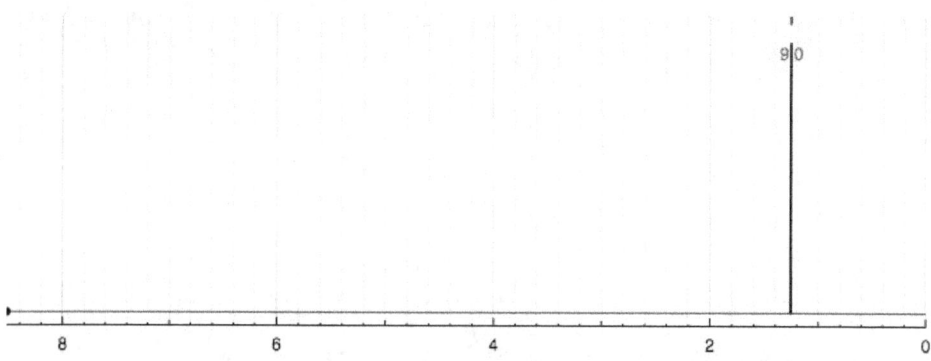

^{13}C NMR: δ (ppm) 32.7, 32.7, 32.7, 69.9

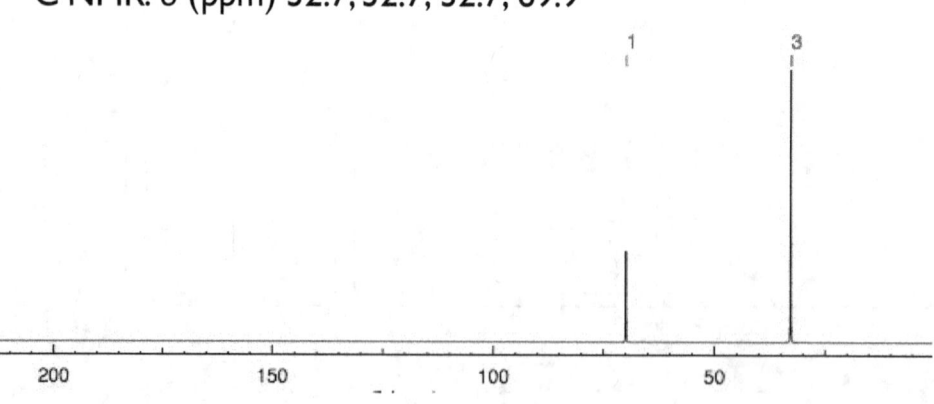

TERT-BUTYL ACETATE

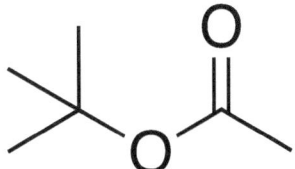

CAS 540-88-5

$C_6H_{12}O_2$	
116.16 g mol^{-1}	97.8 °C / 208.04 °F
0.8593 g cm^{-3}	-
-50 °C / -58 °F	pKa ~25

^{1}H NMR: δ 1.42 (9H, s), 2.05 (3H, s)

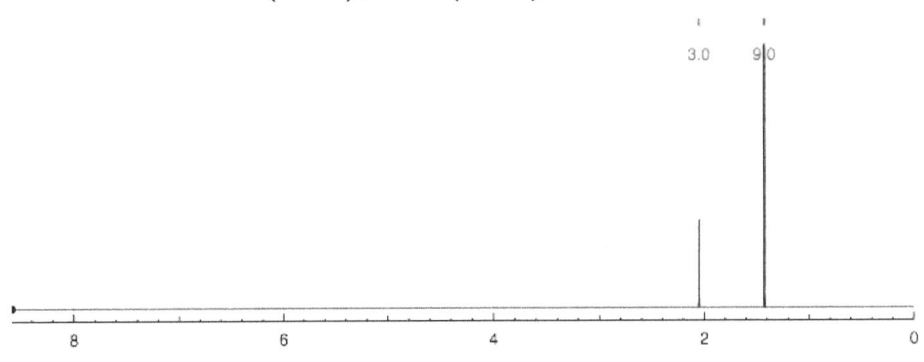

^{13}C NMR: δ (ppm) 22.5, 28.1, 28.1, 28.1, 80.1, 170.4

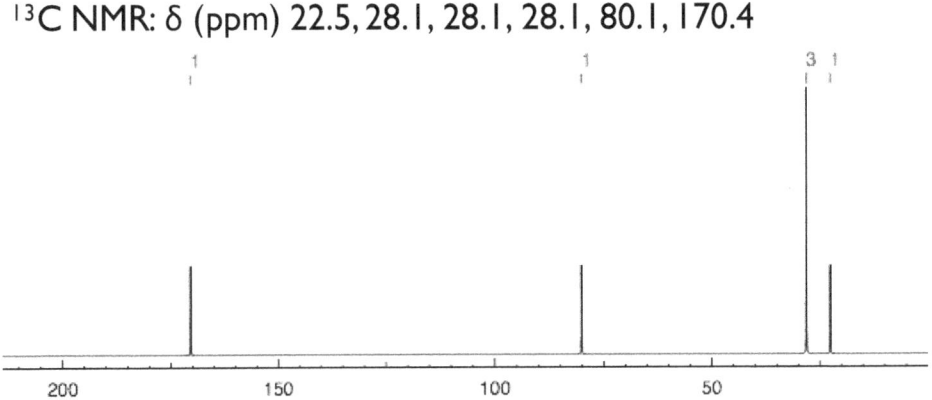

TETRACHLOROETHYLENE

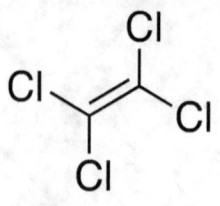

CAS 127-18-4

C$_2$Cl$_4$	
165.82 g mol^{-1}	121.1 °C / 249.98 °F
1.622 g cm^{-3}	-
-19 °C / -2.2 °F	pKa -

^{13}C NMR: δ (ppm) 121.4, 121.4

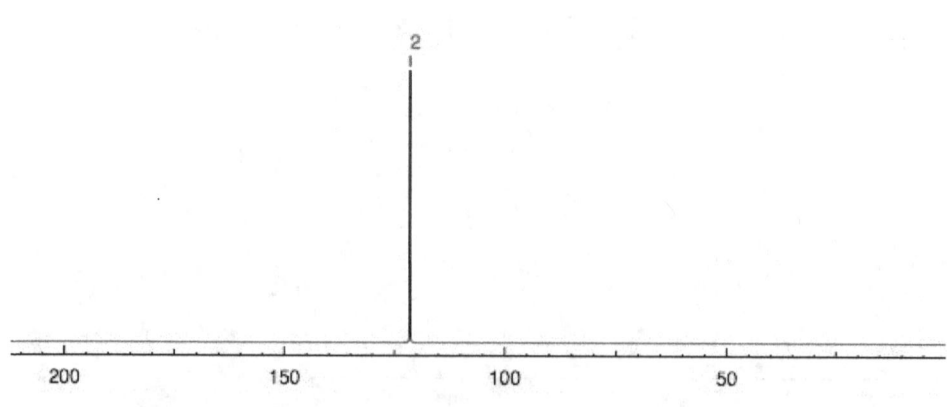

TETRAHYDROFURAN

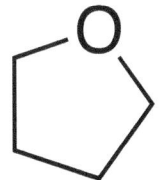

CAS 109-99-9

C_4H_8O	
72.11 g mol^{-1}	66 °C / 150.8 °F
0.889 g cm^{-3}	4.0 P WATER MISCIBLE
-108.4 °C / -163.12 °F	pKa high

^{1}H NMR: δ 1.90 (4H, m), 3.76 (4H, s)

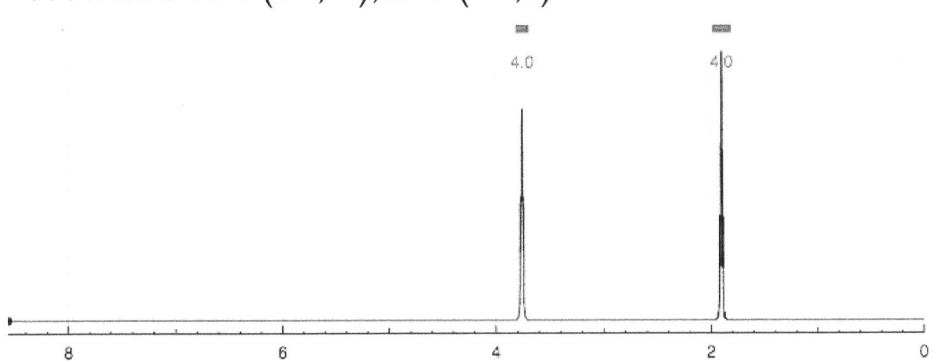

^{13}C NMR: δ (ppm) 25.8, 25.8, 67.9, 67.9

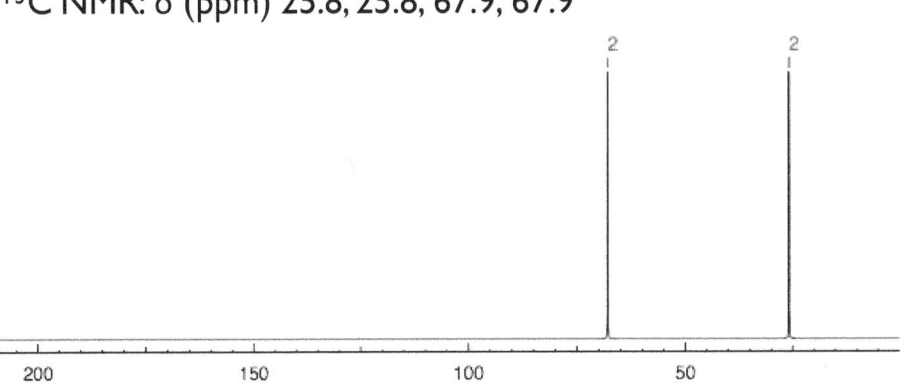

TOLUENE

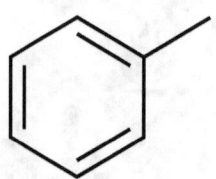

CAS 108-88-3

C₇H₈	
92.14 g mol⁻¹	111 °C / 231.8 °F
0.87 g cm⁻³	2.4 P
-95 °C / -139 °F	pKa high

¹H NMR: δ 2.24 (3H, s), 7.15-7.30 (5H, m)

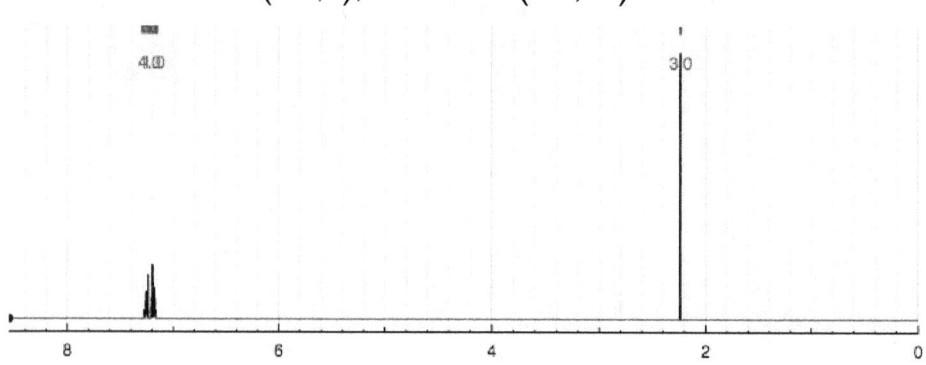

¹³C NMR: δ (ppm) 21.4, 125.7, 128.4, 128.4, 129.3, 129.3, 137.8

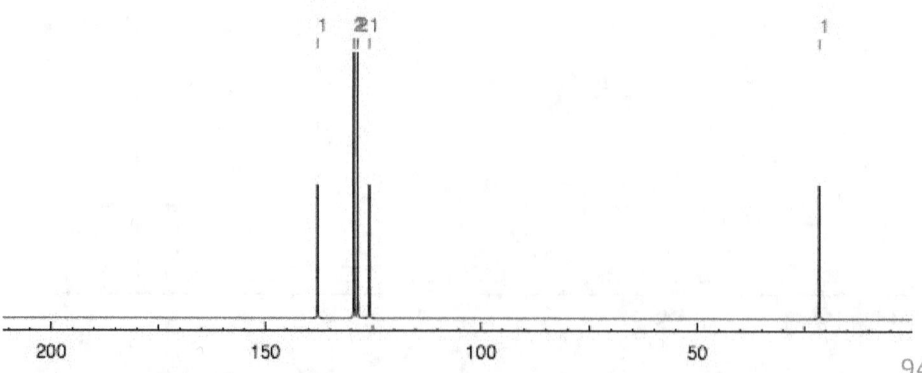

TRICHLOROETHYLENE

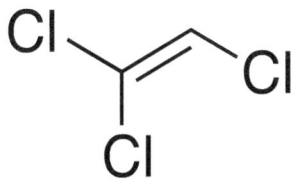

CAS 79-01-6

C_2HCl_3	
131.38 g mol^{-1}	87.2 °C / 188.96 °F
1.46 g cm^{-3}	-
-84.8 °C / -120.64 °F	pKa high

^{1}H NMR: δ 6.46 (1H, s)

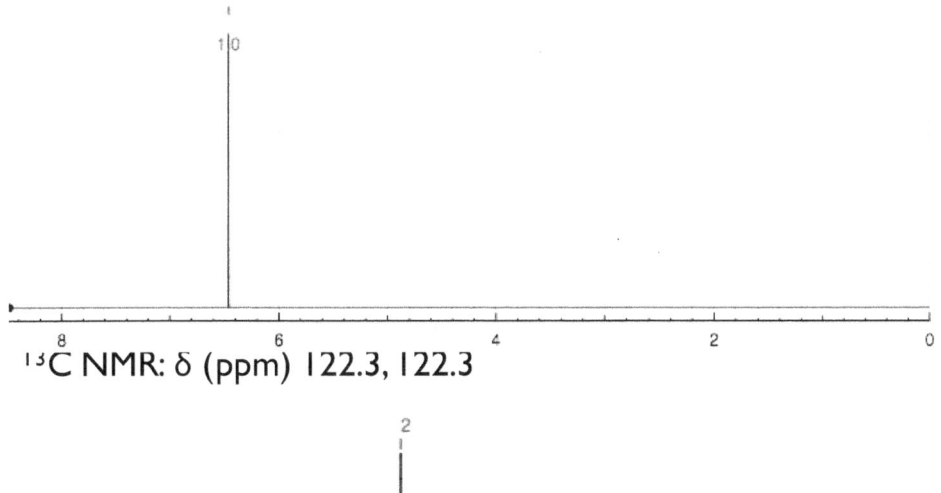

^{13}C NMR: δ (ppm) 122.3, 122.3

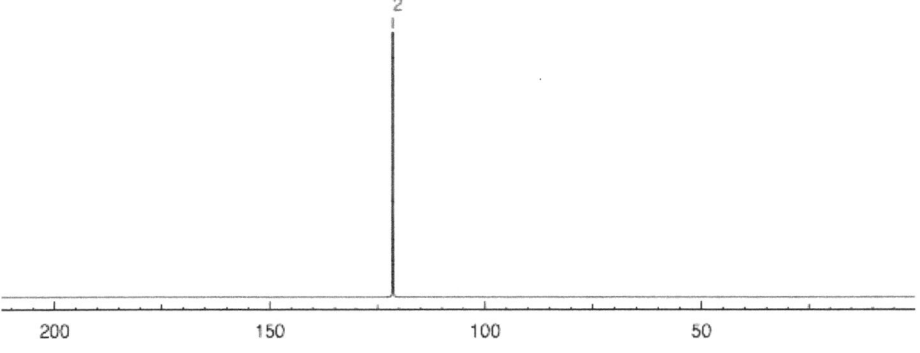

TRIETHYLAMINE

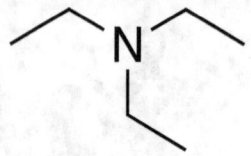

CAS 121-44-8

$C_6H_{15}N$	
101.19 g mol^{-1}	89.1 °C / 192.38 °F
0.726 g cm^{-3}	-
-114.7 °C / -174.46 °F	pKa (NH+) 10.75

^{1}H NMR: δ 0.95 (9H, t), 2.61 (6H, q)

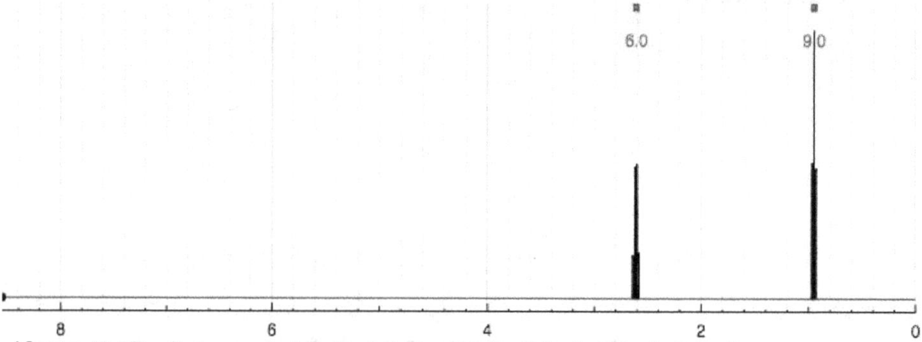

^{13}C NMR: δ (ppm) 12.9, 12.9, 12.9, 51.4, 51.4, 51.4

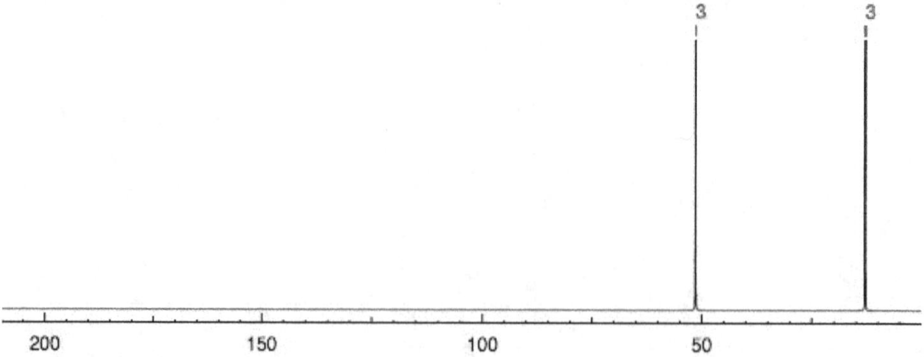

TRIFLUOROACETIC ACID

CF$_3$COOH

CAS 76-05-1

C$_2$HO$_2$F$_3$	
114.02 g mol^{-1}	72.4 °C / 162.32 °F
1.489 g cm^{-3}	- WATER MISCIBLE
-15.4 °C / 4.28 °F	pKa 0.23

^{13}C NMR: δ (ppm) 115.0, 163.0

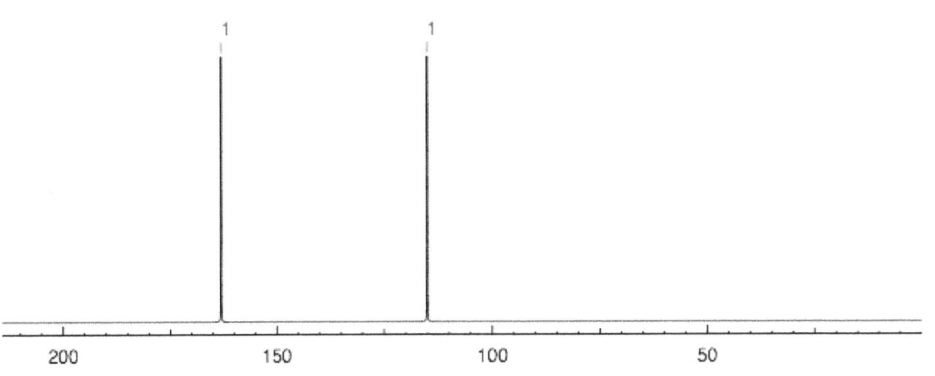

TRIFLUOROETHANOL

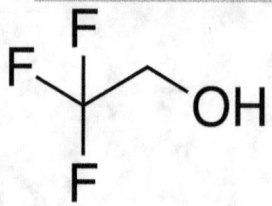

CAS 75-89-8

C₂H₂OF₃	
100.04 g mol⁻¹	74.0 °C / 165.2 °F
1.325 g cm⁻³	- WATER MISCIBLE
-43.5 °C / -46.3 °F	pKa 12.46

¹H NMR: δ 3.59 (2H, s)

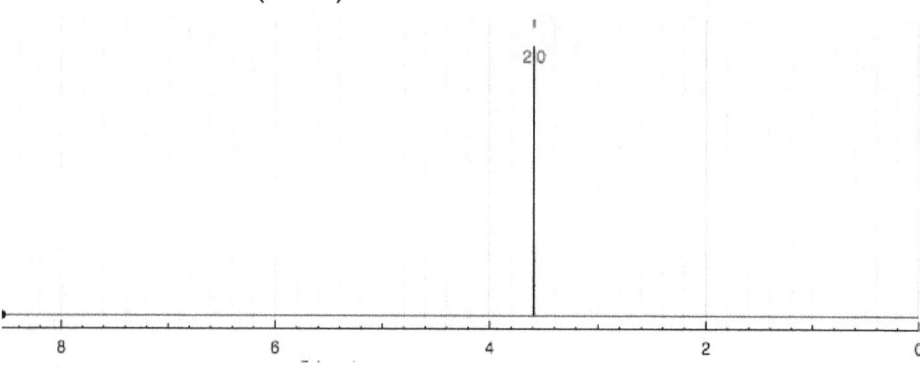

¹³C NMR: δ (ppm) 60.8, 124.0

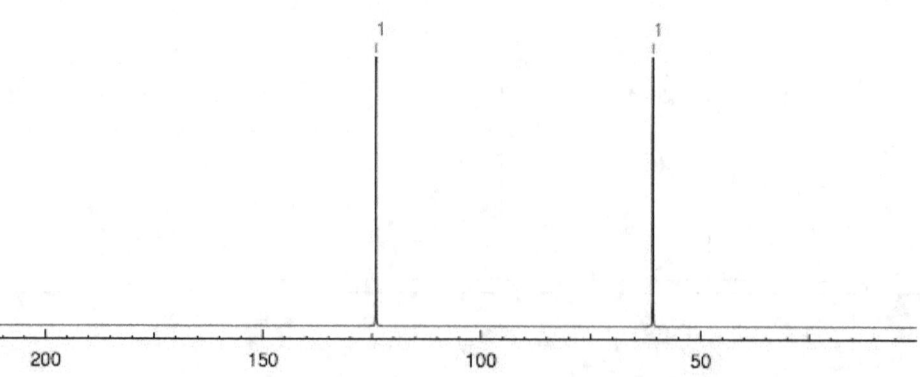

TURPENTINE

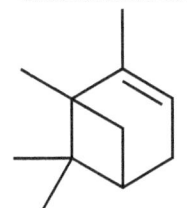

Turpentine composed mostly of a-pinene & b-pinene, a-pinene NMR shown below.

CAS 9005-90-7

$C_{10}H_{16}$	
136.24 g mol^{-1}	154 °C / 309.2 °F
-	-
-55 °C / -67 °F	pKa high

^{1}H NMR: δ 1.00 (6H, s), 1.53-1.69 (2H, m), 1.55 (3H, s), 2.06 (1H, s), 2.17-2.35 (3H, s), 5.29 (1H, s)

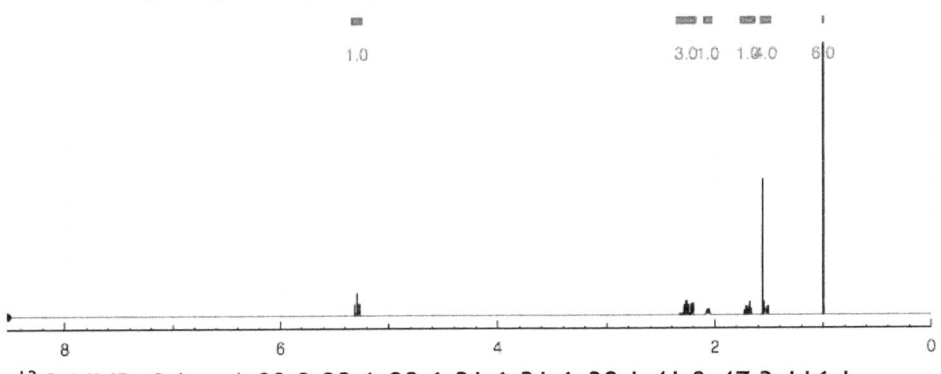

^{13}C NMR: δ (ppm) 22.8, 23.6, 23.6, 31.6, 31.6, 38.1, 41.0, 47.3, 116.1, 144.2

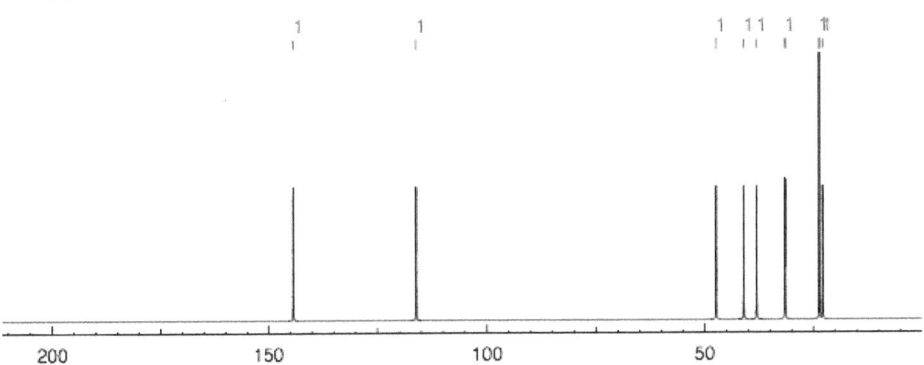

WATER

H_2O

CAS 7732-18-5

H_2O	
18.02 g mol^{-1}	99.98 °C / 211.96 °F
0.997 g cm^{-3}	10.2 P
0 °C / 32°F	pKa 13.995

HEAVY WATER

D_2O

CAS 7789-20-0

D_2O	
20.02 g mol^{-1}	101.4 °C / 214.52 °F
1.107 g cm^{-3}	~10 P
3.82 °C / 38.88 °F	pKa >14

1,2-XYLENE

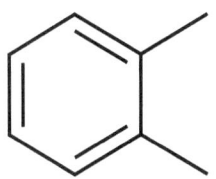

CAS 95-47-6

C_8H_{10}	
106.17 g mol^{-1}	144.4 °C / 291.92 °F
0.88 g cm^{-3}	2.5 *P*
-24 °C / -11.2 °F	pKa high

^{1}H NMR: δ 2.25 (6H, s), 6.96-7.07 (4H, m)

^{13}C NMR: δ (ppm) 19.6, 19.6, 126.1, 126.1, 129.9, 129.9, 136.4, 136.4

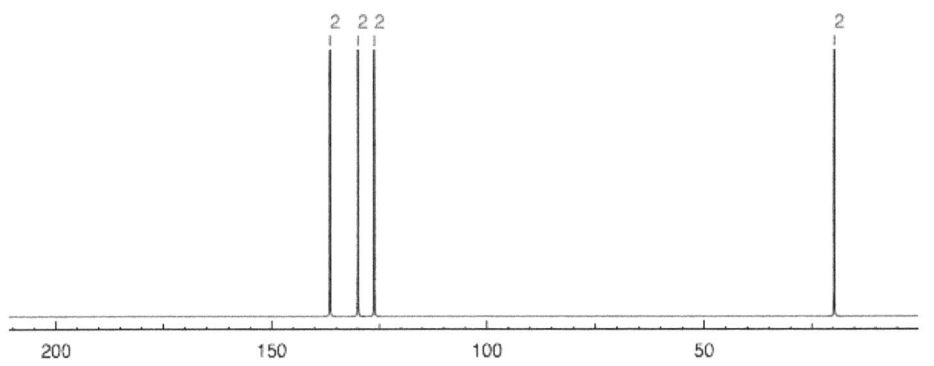

1,3-XYLENE

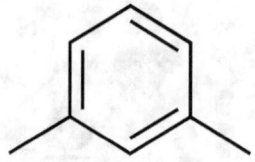

CAS 108-38-3

C_8H_{10}	
106.17 g mol^{-1}	139 °C / 282.2 °F
0.86 g cm^{-3}	-
-48 °C / -54.4 °F	pKa high

^{1}H NMR: δ 2.24 (6H, s), 6.85 (1H, m), 6.96 (2H,m), 7.17 (1H, m)

^{13}C NMR: δ (ppm) 21.3, 21.3, 126.4, 126.4, 128.1, 130.1, 137.5, 137.5

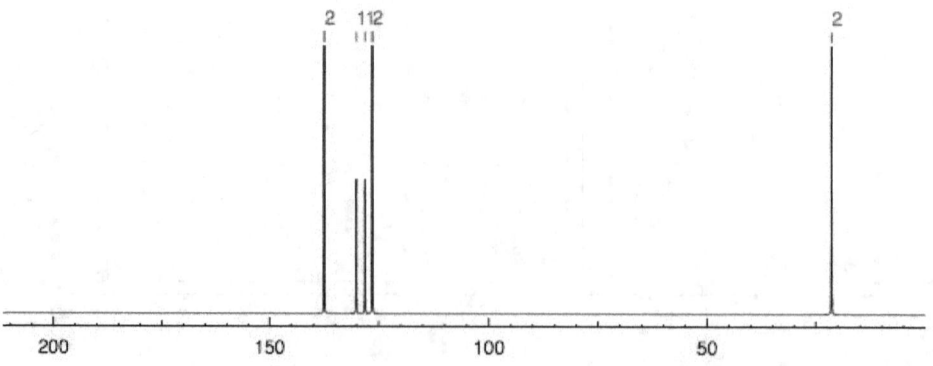

1,4-XYLENE

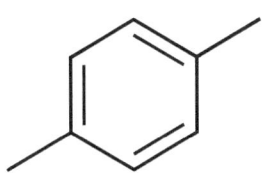 

CAS 106-42-3

C_8H_{10}	
106.17 g mol^{-1}	138.35 °C / 281.03°F
0.86 g cm^{-3}	-
13.2 °C / 55.76 °F	pKa high

^{1}H NMR: δ 2.23 (6H, s), 6.99 (4H, m)

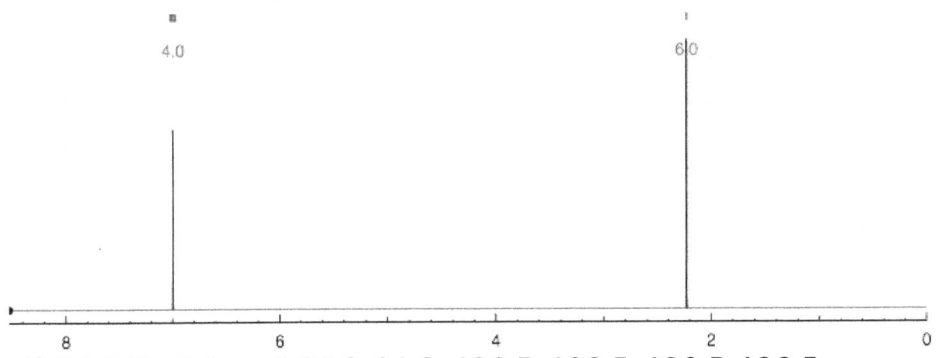

^{13}C NMR: δ (ppm) 21.3, 21.3, 128.5, 128.5, 128.5, 128.5, 134.5, 134.5

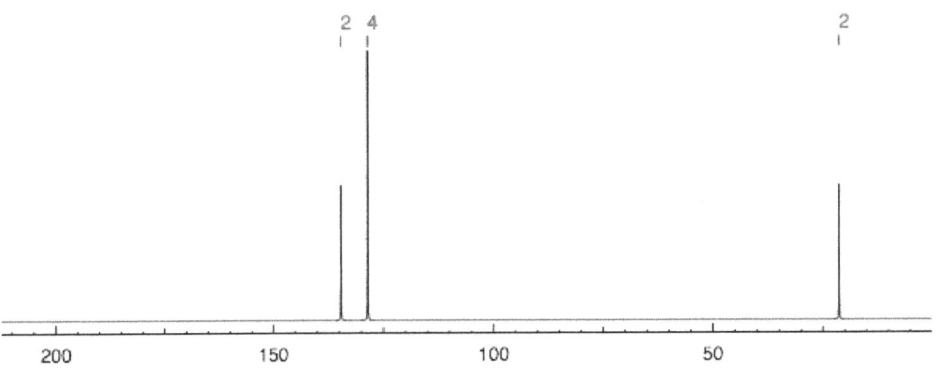

INDEX

- ACETATE
    - AMYL 14
    - BUTYL 20
    - ETHOXYETHYL 47
    - ETHYL 48
    - ISOAMYL 59
    - ISOBUTYL 61
    - ISOPROPYL 64
    - METHYL 69
    - PROPYLENE GLYCOL METHYL ETHYL
    - SECBUTYL
    - TERTBUTYL
- ACETIC ACID 10
- ACETIC ANHYDRIDE 11
- ACETONE 12
- ACETONITRILE 13
- AMYL ACETATE 14
- AMYL ALCOHOL 15
- BENZENE 16
- BENZONITRILE 17
- BENZYL ALCOHOL 18
- BIS (2-METHOXYETHYL) ETHER 36
- BUTANOL
    - ISOBUTANOL 60
    - n-BUTANOL 18
    - SECBUTANOL 86
    - TERTBUTANOL 90
- BUTANONE 70
- BUTOXYETHANOL 19
- BUTYL ALCOHOL 18
    - SEE BUTANOL FOR ISOMERS
- BUTYL ACETATE 20
- CARBON DISULFIDE 21
- CARBON TETRACHLORIDE 22
- CHLOROBENZENE 23
- CHLOROFORM 24
- CPME 27
- CYCLOHEXANE 25
- CYCLOPENTANE 26
- CYCLOPENTYL METHYL ETHER 27
- DCM 31
- DEG 34
- DEK 33
- DIBUTYL ETHER 28
- DICHLOROBENZENE 29
- DICHLOROETHANE 30
- DICHLOROMETHANE 31
- DIETHYL ETHER 32
- DIETHYL KETONE 33
- DIETHYLENE GLYCOL 34
- DIISOPROPYL ETHER 35
- DIGLYME 36
- DIMETHOXYMETHANE 37
- DIMETHYL ACETAMIDE 38
- DIMETHYL CARBONATE 39
- DIMETHYL FORMAMIDE 40
- DIMETHYLIMIDAZOLIDINONE 41
- DIMETHYL PROPYLENEUREA 42
- DIMETHYL SULFOXIDE 43
- DIOXANE 44
- DMA 38
- DME 64
- DMF 40
- DMI 41
- DMPU 42
- DMSO 43
- EDC 30
- 2-EH 50
- ETHANOL 45

- ETHER
    - BIS (2-METHOXY ETHYL) **36**
    - CYCLOPENTYL METHYL **27**
    - DIBUTYL **28**
    - DIETHYL **32**
    - DIISOPROPYL **35**
    - DIMETHOXY **70**
    - METHYL TERT-BUTYL **75**
    - PETROLEUM **80**
    - TERT-AMYL METHYL **89**
- ETHOXYETHYL ETHANOL **46**
- ETHOXYETHYL ACETATE **47**
- ETHYL ACETATE **48**
- ETHYL ALCOHOL **45**
- ETHYL FORMATE **49**
- 2-ETHYL HEXANOL **50**
- ETHYLENE DICHLORIDE **30**
- ETHYLENE GLYCOL **51**
- FORMAMIDE **52**
- FORMIC ACID **53**
- GLYME **54**
- GLYCEROL **55**
- HEAVY WATER **100**
- HEPTANE **56**
- HEXAMETHYLPHOSPHORAMIDE **57**
- HEXANE **58**
- H$_2$O **100**
- HMPA **57**
- ISOAMYL ACETATE **59**
- ISOBUTANOL **60**
- ISOBUTYL ACETATE **61**
- ISOOCTANE **62**
- ISOPROPANOL **63**
- ISOPROPYL ACETATE **64**
- KETONE
    - DIETHYL **33**
    - DIMETHYL **12**
    - METHYL ETHYL **70**
    - METHYL ISOBUTYL **72**
    - METHYL PROPYL **73**
- LIGROIN **65**
- LIMONENE **66**
- METHANOL **67**
- MeTHF **76**
- METHOXYETHANOL **68**
- METHYL ACETATE **69**
- METHYL ALCOHOL **67**
- METHYL ETHYL KETONE **70**
- METHYL FORMATE **71**
- METHYL ISOBUTYL KETONE **72**
- METHYL PROPYL KETONE **73**
- METHYL PYRROLIDONE **74**
- METHYL TERTBUTYL ETHER **75**
- METHYL TETRAHYDROFURAN **76**
- NITROMETHANE **77**
- NMP **74**
- PC
- PENTANE **78**
- PENTANOL **79**
- PENTANONE
    - 2-PENTANONE **73**
    - 3-PENTANONE **33**
    - 2-METHYLPENTAN-4-ONE **72**
- PERCHLOROETHYLENE
- PETROL **80**
- PETROLEUM ETHER **80**
- PHENYL CHLORIDE **23**
- PHENYL CYANIDE **17**
- PROPANOL **81**
    - SEE ISOPROPANOL FOR ISOMER

- PROPYLENE CARBONATE **82**
- PROPYLENE GLYCOL **83**
- PROPYLENE GLYCOL METHYL ETHYL ACETATE **84**
- PYRIDINE **85**
- SEC-BUTANOL **86**
- SEC-BUTYL ACETATE **87**
- SOLVENT BOILING POINTS **5**
- SOLVENT DENSITIES **6**
- SOLVENT MISCIBILITY CHART **3**
- SOLVENT POLARITY INDICES **4**
- SULFOLANE **88**
- TAME **89**
- TCE **95**
- TERT-AMYL METHYL ETHER **89**
- TERT-BUTANOL **90**
- TERT-BUTYL ACETATE **91**
- TETRACHLOROETHYLENE **92**
- TETRAHYDROFURAN **93**
- TFA **97**
- TFE **98**
- THF **93**
- TOLUENE **94**
- TRICHLOROETHYLENE **95**
- TRIETHYLAMINE **96**
- TRIFLUOROACETIC ACID **97**
- TRIFLUOROETHANOL **98**
- TURPENTINE **99**
- WATER **100**
- XYLENE
    - META **102**
    - ORTHO **101**
    - PARA **103**

www.ingramcontent.com/pod-product-compliance
Lightning Source LLC
Chambersburg PA
CBHW070423220526
45466CB00004B/1520